Girl, Wash Your Face
Stop Believing the Lies about
Who You Are So You Can Become
Who You Were

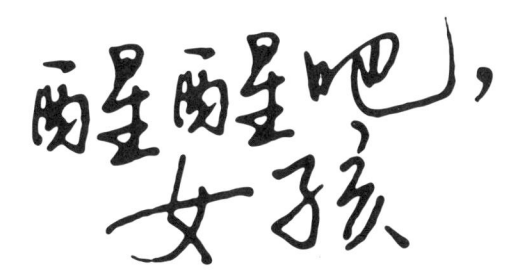

醒醒吧，女孩

不要以为自己不够好

Rachel Hollis

[美] 蕾切尔·霍利斯————著

李雪云————译

北京联合出版公司
Beijing United Publishing Co.,Ltd.

图书在版编目（CIP）数据

醒醒吧，女孩：不要以为自己不够好 /（美）蕾切尔·霍利斯著；李雪云译.— 北京：北京联合出版公司，2020.8（2020.10重印）

ISBN 978-7-5596-3590-7

Ⅰ.①醒… Ⅱ.①蕾… ②李… Ⅲ.①女性－成功心理－通俗读物 Ⅳ.①B848.4-49

中国版本图书馆CIP数据核字（2020）第035042号

Published by arrangement with Thomas Nelson, a division of HarperCollins Christian Publishing, Inc. through The Artemis Agency.

醒醒吧，女孩：不要以为自己不够好

作　　者：（美）蕾切尔·霍利斯　　译　　者：李雪云
出 品 人：赵红仕　　　　　　　　　产品经理：周乔蒙
责任编辑：喻　静　　　　　　　　　特约编辑：王周林
封面设计：人马艺术设计·储平　　　美术编辑：任尚洁

北京联合出版公司出版
（北京市西城区德外大街83号楼9层　100088）
北京联合天畅文化传播公司发行
天津光之彩印刷有限公司印刷　新华书店经销
字数 150千字　880毫米 × 1230毫米　1/32　9印张
2020年8月第1版　2020年10月第2次印刷
ISBN 978-7-5596-3590-7
定价：52.00元

版权所有，侵权必究
未经许可，不得以任何方式复制或抄袭本书部分或全部内容
如发现图书质量问题，可联系调换。质量投诉电话：010-88843286/64258472-800

献给珍，曾三次颠覆我的世界观的人：第一次是《中断》这本书的出版，第二次是一次去埃塞俄比亚的旅行，最后一次是教会我们所有人一个道理——真正的领袖敢于说实话，即使这些话对自己不利。

目录 CONTENTS

序 言
嗨，女孩，你好！　　　　　　　　　　　　　　·I

第一章
谎言：其他东西能使我开心　　　　　　　　　·1

第二章
谎言：我从明天开始　　　　　　　　　　　　·12

第三章
谎言：我不够好　　　　　　　　　　　　　　·23

第四章
谎言：我比你强　　　　　　　　　　　　　　·40

第五章
谎言：好好爱他就够了　　　　　　　　　　　·53

第六章
谎言：不行就是不行　　　　　　　　　　　　·71

- I -

第七章
谎言：我在性爱方面很糟糕　　　　　　　　　　· 96

第八章
谎言：我不知道如何做母亲　　　　　　　　　· 106

第九章
谎言：我不是一个好妈妈　　　　　　　　　　· 117

第十章
谎言：我应该比现在取得更多成就　　　　　　· 133

第十一章
谎言：别人的孩子太聪明/有条理/有礼貌了　　· 144

第十二章
谎言：我需要让自己更加不起眼　　　　　　　· 158

第十三章
谎言：我要嫁给马特·达蒙　　　　　　　　　· 171

第十四章
谎言：我是个糟糕的作家　　　　　　　　　　· 184

第十五章
谎言：我永远不会从这件事中走出来　　　　　· 193

第十六章
谎言：我不能说实话　　　　　　　　　　　　· 201

第十七章
谎言：**我的体重决定了我是个怎样的人** ・220

第十八章
谎言：**我需要喝一杯** ・234

第十九章
谎言：**正确的路只有一条** ・245

第二十章
谎言：**我需要一个英雄** ・257

致　谢 ・266

关于作者 ・269

> 序 言

嗨，女孩，你好！

这是我这本书的开篇信，在这里，我会告诉你在你阅读的过程中我所期待的一切。在这里，我会告知你我的写作目的，而且——如果你已经决定要继续读下去了——这就是我给你打气和告诉你接下来该期待什么的时刻。这也是当有人站在书店里，想要决定买不买这本书或其他书，比如《整理带来的改变人生的奇迹》时，他们需要读到的一段重要的话——而他们读到的这些话将决定他们是否要买这本书。我的意思是，要写好这封信压力挺大的，但我们还是开始吧。

这本书主要讲的是一些伤人的谎言和一个重要的事实。

事实是什么？你，而且只有你，才最终决定着你会变成什么人和你会多幸福。这就是你在本书中需要学习的精华。

不要误解我的意思。接下来，我会给你讲一百个或有趣或奇怪或尴尬或难过或疯狂的故事，但每个故事都说明了同一个精炼和值得发拼趣[1]的事实：你的人生的决定权在你自己手里。

但如果你不先了解一些阻碍你前进的谎言，你就永远不会相信这个事实。了解你可以选择自己的幸福和掌控自己的人生太重要了。

你还需要辨认并系统地摧毁你一直以来告诉自己的每个谎言。

为什么？

因为如果你不首先承认自己的现状，就不可能取得新的成就，也就不可能变成更好的自己。彻底挖掘你一直以来相信的关于自己的一切，这一过程带来的自我觉醒是无价的。

你曾经认为自己不够好、不够苗条、一点儿都不可爱或者是个糟糕的母亲吗？你曾经认为自己应该被粗暴对待吗？或者自己将一事无成？

这些全是谎言。

---

[1] 拼趣（Pinterest），国外的图片分享应用。

序 言

全是被社会、媒体、我们的原生家庭或者魔鬼（坦白来说，这是我的五旬节教会[1]告诉我的）不断强化的谎言。这些谎言极其危险，对我们的自我价值感和自我功能具有摧毁作用。它们最阴险可怕之处在于很少被我们听到。我们很少听到我们建立的关于自己的各种谎言，因为它们在我们耳边喧哗了太久，以至于早就变成了白噪声。这些可怕的声音每天都在轰炸我们，然而我们竟然没有意识到它们一直都在。一直以来，我们接受了关于自己的种种谎言，承认它们是成长和蜕变为更好的自己的关键。如果我们能认清长久以来让我们苦苦挣扎的核心问题，同时明白其实我们完全有能力克服它们，我们就能彻底改变我们的人生轨迹。

这就是我做很多事情的原因。这就是我运营一家网站，谈论如何布置餐桌中心装饰品、友善地教育孩子和巩固婚姻的原因。这也是我研究了三十种清理前装式洗脸仪的方法，然后推荐给我的粉丝的原因。同样，这也是我知道为了使你的炖肉美味十足，应该按多少比例调配香料和柑橘的原因。当然，我的网络平台涉及了大量话题，但它们归根结底说的是同一件事情：这些就是我的生活元素，而我想把它们全部做好。这些帖子展示了我是如何成长和学习的，我想让它们激励其他女性。我想，要是我对在家教育、编织、摄影或流苏花边感兴趣，我也会尝试用这些东西来让自己成长和激励我

---

[1] 1901–1906年间在美国的五旬节运动中出现的基督教教派。

的朋友的。但我偏偏对这些东西不感兴趣，我感兴趣的是生活方式之类的东西，所以我把精力集中于创造一些能归属在生活方式媒体的旗帜下的东西。

然而，在这项事业早期，我意识到很多女性把完美的生活方式当作自己追求的目标。其实，很多这样的形象在现实生活中都是不可能的——又一个强加在我们身上的谎言——所以我从一开始就保持诚实。我发誓要做到真实和真诚，所以，在发布每张时尚有型的纸杯蛋糕的图片时，我都会配上一张面无表情的自拍。如果我出席一些诸如奥斯卡颁奖礼一样高端的场合，我就会配上一张我正在和减肥苦苦斗争的照片与一些我比现在胖四十磅[1]的照片。我的博客里涉及的话题非常广泛：婚姻里的挣扎，产后抑郁，忌妒、恐惧、愤怒、丑陋、不值得和不被爱的感觉。我一直以来都在尝试真实地看待自己和自己曾经走过的人生之路。说真的，我做过的最有名的事就是在网上发了一张我带妊娠纹的松松垮垮的肚子的照片。而现在……

现在我仍然会收到留言。全世界的女人仍然在给我发邮件，问当她们苦苦挣扎的时候我是如何坚持下来而不崩溃的。从这些邮件里，我能感受到她们内心的痛苦，我能听到她们用来描述自己的艰

---

1 1磅约等于0.45千克。

序　言

辛的话语里隐藏的羞耻，这让我非常心疼。

所以我给她们回信。我告诉每个人她们多美丽和强大。我叫她们战士、勇敢的斗士。我告诉她们不要放弃。这样的话对一个完全陌生的人来说感觉还挺合适的，但其实这不是我想说的全部。如果她们是我受伤的姐妹或最好的朋友，我就不会这么说。这也不是我希望对年轻的自己说的话。因为对那些与我亲近的人而言，我总是会支持和鼓励他们……但我绝不会眼睁睁地看着他们沉湎于自怜和绝望中无法自拔。

事实上，你的确很坚强、很勇敢，是个顽强的斗士。但我告诉你这一点，只是因为我想让你看到自己身上的这些优点。我想抓着你的肩膀摇晃，直到你的牙齿打战。我想盯着你的脸看，直到你有勇气直视我的眼睛，然后自己看到答案。我想大声呼喊，直到你明白一个了不起的事实：你可以掌控自己的生活。你有且只有一次机会来度过这一生，而生活正从你身边悄悄溜走。不要再打击和讨厌自己了，也不要再让其他人这样对你了。不要再接受自己不值得这样的观点了，你值得更好的东西。不要再买一些你负担不起的东西来讨好那些你根本不喜欢的人了。不要再默默地承受你的情绪而不是应对它们了。不要再因为食物、玩具或友谊比教育孩子简单就用它们来收买孩子对你的爱了。不要再虐待自己的身体和精神了。停止这一切！离开这条永无止境的轨道吧。你的生活应该是一段从一个独特的地方到另一个独特的地方的精彩旅程，它不应该是一匹一次又一次不断把你带回原点的旋转木马。

你的生活不必和我的一样。真见鬼，其实你的生活不必和其他任何人的一样，但它至少应该是你自己创造出来的产物。

生活会很艰难吗？当然！但如果你想回避困难和图省事，也可以每天躺在沙发上任自己长胖五十磅，眼睁睁地看着生活从你身旁悄悄溜走。

改变会一夜之间发生吗？绝不可能！这是一个持续一生的过程。也许你会尝试一些不同的工具和技巧，其中有一些会让你感觉很一般。也许会有一个让你感觉正是你需要的答案，这样一来，其他三十七个不同的方法就会感觉像垃圾一样。第二天，你一觉醒来，这个过程会重复一遍、一遍……又一遍。

然后你的改变计划就失败了。

你会重拾原来的习惯。你会在身边没有其他人的时候吃掉半个生日蛋糕，或冲你的丈夫大喊大叫，或连续一个月喝太多酒。你的生活会重新变回一成不变的乏味状态，因为这就是生活，而生活就是这样。但是，一旦你明白自己才是那个真正可以掌控一切的人，你就会爬起来再次尝试。你会不断尝试，直到对你而言掌控一切的感觉比身不由己更自然。它会成为一种生活方式，而你会成为注定要成为的那个人。

在这里，首先不妨问一问信仰在这个过程中发挥了怎样的作用。作为一个基督教徒，我从小就被教导上帝掌控着一切，上帝已经安排好了我的一生，而我骨子里就相信这些。我相信上帝无条件地爱着每个人，但我认为这并不意味着仅仅因为我们已经足够好了，我们就可以随意地浪费上帝赋予我们的才华和天赋。毛毛虫很酷，但如果毛毛虫保持原状——如果它觉得自己已经够好了——我们就不会看到它化茧成蝶后的美丽了。

你可以比现在更好。

这就是我想要告诉那些写信给我，向我寻求建议的女性朋友的话。听上去可能很刺耳，但这个美丽的事实后面有着值得你深思的意义：你可以比现在更好，而你完全可以自己决定该怎么来处理这个事实。

这不禁让我有了一个主意。

如果我写一本书，谈谈自己曾经尝试过的种种方法，然后仔

> *醒醒吧，**女孩***

细解释那些曾帮助我渡过各种难关的步骤会怎样？如果我在书里谈一谈我过去所有的失败之处和尴尬瞬间呢？如果你知道我最见不得人的羞耻之事是有时我太生气以至于会对着孩子大声尖叫，那又会怎样呢？不是抱怨，不是吼叫，也不是严厉斥责，而是尖叫。声音如此之大，以至于事后我回想起来都会后悔得直想吐。如果你听说我因为惧怕牙医，可能现在嘴巴里至少有三个洞呢？如果我谈谈我身上的赘肉，或当我穿短背心的时候胳膊和我正常的乳房之间那个奇怪的有点儿像第三个乳房之类的东西呢？我提过我的背部有很多赘肉、我脸上的痣长了很多小细毛以及我总是缺乏安全感吗？如果我在一本书的开头就告诉你，我作为一个成年人还尿过裤子，而且不是第一次，也不会是最后一次呢？如果我告诉你，虽然我曾多次忏悔——这些忏悔或有趣，或尴尬，或痛苦，或恶心——但其实我早就已经接受了自己的本来面目并且已经与自己和平相处了呢？还有，即使我做了一些不光彩的事情，我还是很爱自己本来的样子。这一切之所以会这样，可能是因为我知道，只要我愿意，我就能改变。我能决定自己将成为一个什么样的人。在上帝的恩赐下，我明天醒来，将又一次有全新的机会来把生活变得更好。在上帝的恩赐下，我已经在过去的三十五年里积极地探索了生活的某些方面（比如制作奶酪类砂锅菜），现在我在这些方面游刃有余。而在其他方面（比如控制焦虑），我正在不断尝试从不同角度来克服这些问题。

序 言

这是一段持续一生的旅程，但我坚信我每天都在学习和成长，这个信念让我觉得很安心。

也许你会问我，我一直以来苦苦挣扎的都是哪些事情？我长久以来坚信的关于自我认知的谎言都有哪些？

如果要列一张谎言清单，那这张单子会有一英里[1]那么长。事实上，长到我决定每个谎言专门写一章。这本书的每一部分都以我过去深信的一个谎言开头，接着是一些这个谎言如何阻碍我、伤害我和在某些时候使我伤害了别人的故事。但是，通过承认这些谎言，我不再害怕它们，因为它们的力量已经被消解了。我将和你分享我如何在生活中做了一些改变来克服困难——有一些是关于食物的困难，还有一些是关于我长久以来缺乏安全感的困难，与它们的斗争就像一支循环往复又不断更新的舞曲。

我的不安全感都来自哪些方面呢？好吧，接下来我就来分享一下最大和最糟糕的方面吧。它们没有特定的顺序。我希望它们能激励你，也希望这些想法能对你有所帮助。更重要的是，我希望你能坚信一点，那就是，你能成为自己想成为的任何人和任何样子，我亲爱的朋友。在那些看似最艰难的日子里，你会记得——或多或

---

1 1英里约等于1.6千米。

> *醒醒吧，**女孩***

少——前进的动力是唯一的要求。

爱你的，
蕾切尔

> 第一章

谎言：其他东西能使我开心

上周，我把裤子尿湿了。

不是完全尿湿了，就像我十岁那年参加夏令营发生的事一样。当时我们正在玩抢旗游戏，我一秒都忍不住了。我不想承认我刚刚尿了裤子，于是马上把一瓶水浇到自己身上。如果你愿意的话，试想一下，一旦我所有的衣服都湿了，就没人——尤其是克里斯蒂安·克拉克，我在夏令营偷偷喜欢的人——知道事实了。我那时候就很足智多谋。

其他人觉不觉得我突然浑身湿透这件事很诡异？

很可能。

但我宁愿被当成怪人，也不愿被定义为一个尿裤子的人。

至于上周，其实事情没到尿湿裤子的程度，只是侧漏了一点点，就像生了三个孩子以后容易发生的事那样。

生孩子就像航天飞机发射，一切都在这个过程中被摧毁。这就意味着，有时候，各位，我会尿裤子。如果这个事实伤害了你敏感的神经，那我只能认为你从来没有过膀胱控制方面的问题——在此，我向你表达我衷心的祝贺。然而，如果你能理解我的经历，那么很可能你也有这方面的问题——这就意味着刚才你只是笑了笑，因为你也曾经历相似的窘境。

事情是这样的。我正在外面和我的儿子们玩蹦床，这时，有人大声呼喊，让我表演一下空中触摸脚趾的把戏。这是我唯一知道的蹦床技巧，如果我决定鼓起勇气在这个用弹簧加压的死亡陷阱上把自己高高抛起，那么你最好相信我一定会全力以赴。上一秒我还像啦啦队比赛中被队员们抛向空中的那个超级苗条的女孩一样在空中飞翔，下一秒我的裤子就湿了。没有人注意到——除非你算上我的自尊心——但事情就这样发生了。我只能继续跳，好让持续跳跃产生的疾风把我的短裤吹干。我可是很足智多谋的，还记得吗？时机掌握得也很完美，因为不到三十分钟，一张提前编辑好的照片就被我传到了脸书上，显示我正在为奥斯卡颁奖典

谎言：其他东西能使我开心

礼试礼服。

在你产生错误的印象前，我得告诉你，我去参加奥斯卡金像奖颁奖典礼可不是因为我长得美。但是，我嫁给了一个超酷的人。其实他也没有那么英俊，但他的工作绝对超级酷。这就意味着，有时候，我可以像个公主一样穿着漂亮的礼服，在灯火通明的宴会厅里喝免费的酒水。在这种情况下，Instagram或Facebook上总会有几张我们的看上去精心打理过头发的超级迷人的照片，然后互联网就疯了。很多人给我留言，说我的生活多么光彩照人，我的世界一定多么前卫和时尚。当我读到这些评论时，我能想到的却是，嘿，我刚刚尿了裤子，而且是在公共场合，身边有很多人的公共场合。为了取悦我三岁的儿子，我拼命地想把腿后腱扭成不自然的体操姿势，然后在空中尿了裤子。

各位，我可一点儿也不光彩照人。

我并不是故作姿态，像"明星也是普通人"那样只是说说而已。有一次，格温妮丝[1]素颜出镜，但皮肤依然光洁无瑕，金黄的头发依然美若天使。她想告诉我们，尽管穿着价值四百美元的T恤，她也只是一个普通的女孩。我说的和这个可不一样。

---

1 好莱坞著名女影星，全名为格温妮丝·帕特洛（Gwyneth Paltrow）。

不，我说的是实话——我真的一点儿也不光彩照人。

我一点儿也不迷人。我百分之一千是你可能见过的最呆板的人之一。如果我不知怎的让你以为我非常迷人，因为我在经营一个关于生活方式的网站，里面有各种精美的图片；或者因为我的头发在Instagram上看上去超级有光泽，那么，亲爱的姐妹，让我来告诉你真相。我不是一个完美的妻子，不是一个完美的妈妈，也不是一个完美的朋友或老板，更不可能是一个完美的基督教徒。我、还、差、得、远。除了烹饪和大吃奶酪类食物，我在其他任何方面——比如生活方面——都不完美。噢，女孩，我正在努力挣扎。

我感觉把这些说出来很重要，事实上，重要到整本书都会围绕这一点来展开，因为我想要确保你听到这一点。

我在生活各方面，无论是大的方面还是小的方面，无论是正面还是侧面，都有着很多缺点，而我的工作却是告诉其他女性如何改善生活。我，健身运动和DIY亮肤磨砂膏的倡导者；我，在如何做一顿美味的感恩节晚餐上有很多妙招，在如何教育孩子方面更是有一张详细的清单；我，很失败。

一直、以来、都很、失败。

谎言：其他东西能使我开心

这一点很重要，因为我想要让你知道，我亲爱的珍贵的朋友，我们都不完美。但是，尽管我一次又一次地失败，我也不让这一点影响到我。我依然每天早上醒来，再次努力去成为一个更好的自己。有时候，我感觉我正在接近那个最好的自己；而有时候，我又把奶酪当晚餐。但生活赐予我们的美好礼物就是，只要有明天，我们就有新的机会。

在生活的某些方面，女性往往会得到一些错误的信息。或者，我应该说，我们得到的错误信息太多，以至于我们总是把一切都放弃了。我们生活在一个孤注一掷的社会里，这个社会要求我们在观察、行动、思考和说话等方面都表现完美，不然就干脆认输，彻底放弃。

这是我最担心的——你已经停止努力了。我从读者那里收到了很多留言，也在我的社交网站上看过几千条评论。你们中的一些人被生活折腾得无所适从，所以已经放弃努力了。你们仿佛船舶遇险时被丢弃的货物，随波逐流。要跟上时代的节奏太难了，所以你干脆放弃了。噢，当然，你的生活没变。表面上你仍旧去上班，仍旧按时做饭和照顾孩子，实际上你一直在苦苦追赶别人的脚步。你总感觉自己落后了，总感觉茫然不知所措。

生活不应该是这样的，不应该总是让你喘不过气来。生活不只是一场生存游戏——它本应精彩而漂亮。

有些时候或有些事情不可避免地会让你感到不在你的掌控范围之内,但你感觉快要窒息的时刻总是短暂的。它们不应该是你生活的全部!你被赋予的宝贵的生命就像一艘在大海上遨游的轮船,你应该是这艘船的船长。当然,有时候你会遇到暴风雨天气,突发船被风浪抛来抛去、甲板进水、桅杆从中折断等情况。但这正是你奋力一搏,一桶一桶地把船上的水舀干的时候。这正是你冒死拼搏,重新回到掌舵位置的时候。这就是你的人生。你应该成为自己的人生故事的主人公。

这并不是说你变得自私了。这也不是说你抛弃了信仰或不再相信比你更伟大的某些东西。它只意味着你要对自己的人生和幸福负责。换句话说——用一种更残酷的、很可能让我被揍的方式来说——如果你不快乐,那都是你自己造成的。

当我说不快乐的时候,我指的就是不快乐。我不是指抑郁。真正的抑郁症与你身体的基因组成和化学元素大有关系。作为一个曾经亲身与抑郁症做斗争的人,我对正在经历抑郁症的人充满了最大的同情。我也不是指难过。不受你控制的环境带来的难过或悲伤——比如失去一个深爱之人的灵魂之痛——确实不是能轻易走出来的。难过和痛苦需要你花时间去消化和化解,不然你永

谎言：其他东西能使我开心

远都不能释怀。

当我说不快乐的时候，我指的是不满、不安、沮丧和愤怒——任何一种让我们想要逃离生活而不是像基督教信歌里唱的那样张开双臂拥抱生活的情绪。因为快乐的人——百分之九十的时候都在享受生活的人——确实存在。你在生活中曾经见过这样的人，知道他们是什么样子。事实上，你现在读的书就是一个快乐的人写的。

基本上，我觉得"快乐"就是人们对我发到网上的照片的评论。他们总是说："你的生活看起来好完美呀！"但我认为他们真正想说的是："你的生活看起来很幸福。你看上去很知足。你总是充满乐观和感恩。你总是笑得很灿烂。"

这里我想解释一下原因……

我不是一出生就这样的。事实上，如果我实话实说，我会用"创伤性"这个词来描述我童年的大部分时光。我们家总是乱成一团——要多乱有多乱。在我的记忆里，家里总有很多亲朋好友之间的大型聚会，常常以尖叫、打斗和哭闹收场。家里的墙上总会莫名其妙地留下很多拳头大小的洞，厨房里也经常传来盘子砸在地板上摔得粉碎的声音。我的父亲一遇到压力就变得暴跳如雷。

我的母亲呢，遇到问题就睡觉，一睡就可以好几个星期不起床。和大部分在类似的家庭环境中长大的孩子一样，我以为所有家庭都是这样。

然后，在我十四岁那年，我的大哥瑞恩自杀了。那天看到和经历的事情我这辈子也忘不了，它彻底地改变了我的一生。我在家里四个孩子中排行最小，在这件事情发生之前，对我家外面的那个世界，我基本上一无所知。但现在瑞恩死了，我们原本就动荡不安和多灾多难的家彻底破碎了。如果说他去世前生活对我们而言是艰难的，那么之后就是举步维艰、难以为继了。

那一天，我突然长大了。对大哥的死，我的内心一度充满了悲痛、恐惧和迷惑。但我认清了一个很重要的事实：出生在什么样的家庭我没法儿选择，但如果我想要过更好的生活，我就应该主动去创造。

我大哥离世那年，我正在读高一，随后我立刻开始尽可能多地上课修学分，以尽快毕业。高三那年，我一拿到高中毕业文凭就搬到洛杉矶去了，这是离我在加利福尼亚州的家乡小镇最近的大城市。对我这个小乡巴佬来说，洛杉矶就是那个任何梦想都能实现的地方。当时我只有十七岁，年龄还不够申请电话线，签公寓租房合同也还需要大人签名，但我的脑子里想的全是终于能离开了。小时候，我的家里一片混乱，多年来我就总想着，有一天我会离开这里，然后我就能过上幸福的生活了。

在洛杉矶我怎能不幸福呢？自从我的双脚踏上这片土地，我就把自己沉浸在这座美丽的城市中了。我吸收了好莱坞激情澎湃的能量，也适应了高速路旁太平洋的海浪拍岸的旋律。这里多维的天际线让我觉得这才是尘世该有的样子。作为一个外来者，我能看到很多当地人不曾注意到的风景，对此我非常感激。

大多数人都不会注意到比弗利山庄的树，他们都忙着觊觎树下的大别墅。我首先注意到的却是这些树。由于我从小生活的地方没有什么美好可言，我看到任何美好的事物都会沉浸在被震撼的喜悦中。关键在于，比弗利山庄的这些树跟周围的景色很搭。在任何一条街道、任何一个拐角，哪怕是在喧嚣躁动的城市中，你都能看到一幅又一幅完美的对称图——一幅由卡纳里岛松树、樟树和枣椰树构成的美丽画卷。早在二十世纪初期，它们就被最初的景观设计师设计成了这样，以小心翼翼的整齐队列拥抱着这里宽大的街道，像沉默的哨兵一样忠实地守卫着这座世界上最富足的城市之一。在经历了之前的混乱人生以后，我为这个有序的世界而欣喜若狂。

我对自己说："终于，我来到了适合自己的地方。"

时光飞逝，季节更迭，我所在的新城市最终教会了我一件很重要的事情。不管是离开、旅行还是逃避，其实都只是地理上的概念而已。离开并不能改变你本来的样子，它只能改变你窗户外面的风景。你必须主动"选择"成为一个快乐、感恩、满足的人。如果你每天都这样选择，那么，不管你在哪里，不管发生什么事，你都会感到很快乐。

我一年可以和我最好的朋友阿曼达聚几次。每次在一起，我们都会不停地聊天和开怀大笑，直到嗓子都干了，脸都笑疼了，才罢休。阿曼达和我不管在哪里见面都很开心，无论是在我的客厅里还是在墨西哥的海边。当然，墨西哥的风景更美一些，天气更好一些，我们也更容易喝到杯子里有小伞的鸡尾酒……但无论是在我家后院里，还是在当地沃尔玛超市大型垃圾装甲卡车后面，我们都能度过一段愉快的时光，因为我们只要能和对方待在一起就已经欣喜若狂了。当你完全投入和参与到你的生活中，并选择享受生活时，你在哪里，或者坦白来说，生活中出现哪些负面的事情，就不那么重要了。你总会找到让你快乐的事情，因为快乐和你在哪里无关，它只和你是一个什么样的人有关。

曾对我有所帮助的妙招：

1. **不再对比自己**。我不再拿自己和他人对比，也不再拿自己和我认为应该成为的那个人对比。对比会扼杀所有的快乐，你只需要比昨天的自己好一点儿就够了。

2. 用正能量把自己包围。写下这句话让我感到十分不安，因为它听上去就像一句你在八年级的体操室墙上看到的海报宣传语一样。但不管听上去是否俗气，它都是我们的福音。近朱者赤，近墨者黑，你会被环境影响，变得和周围的人一样。你吸收什么，就会变成什么。如果你发现自己陷入消沉，或感觉自己生活在一个充满负能量的地方，就好好看看自己每天见到的人和遇到的事吧。

3. 知道哪些事情会让自己快乐，并且经常做这些事情。这看上去像是世界上最明显的道理，但在每天结束的时候，很少有人会有意识地做那些能带给他们快乐的事情。不，我不是说你应该用按摩和奢侈浪费的晚餐来打造自己的生活（或许你可以，阔佬！）。我的意思是，你应该花更多时间来做一些滋养灵魂的事情：多一些遛狗时光，少一些你感觉有义务去做但实际上特别憎恶的义务工作。你可以掌控自己的生活，我的好姐妹，没有什么可以阻止你去主导并安排自己的生活。好好想一想。

第二章

谎言：我从明天开始

我尝试过数不清的减肥餐，也不知道曾多少次下定决心要去健身房，但之后就全忘了。我报名参加半程马拉松比赛，报名费都交了，但到了真正训练的时候，我又假装不记得有这回事了。这样的事发生过多少次了呢？两次。多少次我信誓旦旦地宣称"从现在开始，每天早晨上班前我都要走一英里"，却从未撑过第三天。

这样的事情数不胜数。

和很多女性朋友一样，我有这个坏习惯已经很多年了。我们谈论我们想做、想尝试、想完成的事情和想成为的人，到了需要真正行动起来的时候，我们却退缩了，退缩的速度简直比牌友之夜后折叠牌桌的速度还要快。

也许我们之所以有这个坏习惯，是因为我们从小到大就是看着这样的模式长大的。杂志和电视节目总是花很长的时间来展示应该如何应对半途而废，而不是教导我们从一开始就坚持下去。生活中意外频生，我们的计划似乎总是在落空，但当我们许下的承诺在我们的生活中几乎毫无实际效力可言，而这对于我们来说已经成为家常便饭时，我们就需要好好反思一下了。

几个月前，我和我最亲密的女友们出去吃饭。一开始只是一时兴起，开开心心地聚了一个小时，后来变成即兴晚餐，再后来又依依不舍，散场的时候比我们任何人预计得都晚。我回到家的时候，孩子们都睡了，戴夫正沉浸在一场游戏中不可自拔，不知是"职业棒球大联盟""重击联赛"还是别的什么名字，反正是一款棒球游戏。在过去两年的婚姻生活里，他可是每晚都要玩上一会儿的（据我所知，好像一直没有什么实质性的进展）。于是我吻了吻他，问他今天过得怎么样，然后就下楼去了地下室——我们的旧跑步机就放在那里。我跑了几英里。我刚把锻炼的照片发在Snapchat上，我的一个女性朋友就看见了。她给我发了一条信息："你吃完晚饭还健身？搞什么呀？"

我回道："是的，因为我之前就计划这样做，不想取消。"

"你就不能等到明天吗？"看样子，她是真的很困惑。

"不行，这是我对自己的承诺，我可不想食言，再也不想了。"

"呸，"她回复道，"我如果食言，首先就会对自己食言。"

她不是第一个。以前我经常这样干，直到我意识到自己再辛苦也要兑现对别人的承诺，同时却总是对自己食言。"我明天就锻炼"逐渐变成"我最近不会锻炼"——说实话，如果你真的在乎一个承诺，你就会说到做到。假如你有一个朋友，她总是放你鸽子，你会怎么样呢？假如每次你计划和她一起做一些事情，她都临时决定不来了呢？假如她给出的理由总是很蹩脚呢，比如，"我真的很想去见你，但我正在看的这个电视节目实在太好看了"？

或者，假如你有一个同事，她总在尝试一些新事物。每隔两个星期，一到周一她就会宣布要开始一种新的减肥餐或新的目标，但两星期过后她就偃旗息鼓了。你问她："嘿，帕姆，我记得你在挑战whole30饮食法[1]呀，怎么样了？"而实际上，此刻她正在休息室里吃肉食者的爱——比萨。她告诉你，她前一阵子确实在挑战whole30饮食法。虽然坚持运动让她感觉良好，但才开始两个星

---

[1] whole30饮食法是一项为期三十天的饮食计划，其间不得食用奶类、谷类、豆类、酒精、糖和任何加工食品，旨在让饮食更健康，同时达到减重的目的。

期，她的儿子过生日，她抵抗不住生日蛋糕的诱惑，就决定放弃这项挑战了。现在，她恢复了以前的体重，甚至比以前更胖了。

各位，你会尊敬她吗，这个一次次开始又一次次放弃的女人？你会指望帕姆或那个总是因为一些愚蠢的理由而放你鸽子的朋友吗？当他们承诺要做一些事情的时候，你还会相信他们吗？当他们对你做出承诺的时候，你还会相信吗？

不会。

绝不会。同样的不信任和担忧也适用于你自己。你的潜意识知道，在中断无数个计划和放弃无数个目标以后，你，你本身就不可靠。

另一方面，你认识总是遵守承诺的人吗？如果他们告诉你他们会来，你可以预计他们会提前十分钟到。如果他们承担一个项目，你可以拍着胸脯说他们一定会完成。如果他们告诉你，他们刚刚报名了，要跑人生中的第一次马拉松，你就已经对他们充满了敬畏，因为你知道他们一定会完成。当这样的人对某件事情做出承诺的时候，你会多认真地看待他们的承诺呢？

我希望你明白我的意思。

如果你经常对自己做出承诺，随后又食言，那么你根本不是在承诺。你只是在说说而已，你只是在不假思索地想象而已，就像帕姆对待她的减肥餐，或你的那个为了看《权力的游戏》而总是放你鸽子的不靠谱的朋友一样。

你曾多少次放自己的鸽子来看电视呢？曾多少次还没开始就已经放弃了？曾经多少次，你好不容易有了一些实质性进展，却因为一点点挫折就彻底放弃了呢？你的家人或朋友曾多少次看着你半途而废？还有你的孩子，他们曾多少次目睹你放弃自我呢？

这一点儿都不好。

我们这个社会对自满和懒惰太过宽容，我们周围太缺乏责任感了。我们还缺乏无糖香草拿铁，但当我特别需要一杯时，我会想方设法地给自己弄一杯。

我只是开个玩笑。

当你真心渴望一件东西时，你就会找到方法得到它。当你不是真心想要一件东西时，你也总能找到理由拒绝它。你的潜意识怎么分辨你想要什么和只是假装想要什么呢？它会从你过去如何处理类似情况的经历中去寻找答案。你以前信守承诺吗？当你开始做一件事情时，你会坚持到底吗？我们茫然时会遵循最低标准——最低标准一般来说就是我们平时训练的最高水准。这听上去有点儿难以理解，所以让我来解释一下。

如果今天你开始跑三十英里，你认为你能一口气轻松跑到哪里呢？你会到达你训练的最高水准。所以，如果你曾轻松跑完的极限是四英里，你就会在四英里附近慢慢耗尽力气并停下来。当然，肾上腺素可以让你再跑远点儿，毅力也很重要，但一般来说，你的身体会随着它熟知的情况和它感觉最舒服的状态来自我调整。

对自己信守承诺是一样的道理。

如果你定下了一个目标——比如"我要写一部小说"或"我要跑十千米"——你的潜意识就会根据以往的经历来规划这件事的可能性。所以，到第四天的时候，你感觉很累，不想再跑了，你就会恢复到心理训练的最高水准。你上一次遇到同样的情况是怎么做的？你坚持下来养成好习惯并完成目标了吗，还是找了个借口轻易放弃了？或者，你推迟到以后再做了？

你给自己定的标准就是你会达到的高度——除非你打败本能，并改变你的惯性思维。

我就是这样改变我的惯性思维和行为模式的。我给自己立下了一个规矩：无论一个承诺多么微不足道，我都绝不食言。一切从健怡可乐开始。

我过去非常爱——就像着了魔似的——喝健怡可乐。

在很长一段时间里，我一天要喝好几罐健怡可乐。然后，有一天，我意识到它对我的身体健康来说实在太糟糕了。于是我减少饮用量，变成一天一罐，每天就像瘾君子等待吸食毒品后的快感一样特别期待喝可乐的时间。我会想，是午餐时喝了它，好在下午充满活力呢，还是等到晚餐再喝呢？我们今晚吃墨西哥菜，健怡可乐跟薯条和洋葱做的辣调味汁特别配，也许等到晚上才是正确的选择……

我花了好多时间来期待可乐。然后，有一年夏天，我发现自己犯了严重的头晕症，于是试着把饮食中一切可能对健康有害的东西都戒掉了。哪怕是我每天必喝的健怡可乐也不得不重新考虑。

"老实说，"我想，"什么样的神经病才会不喝可乐呢？难道我们就应该放弃生活中的快乐和美好吗？那干脆也不要用电，像亚米希人那样过农耕生活算了。"

我的内心充满了极其激烈的斗争。

最后，我决定先戒一个月。我想，一个月还不算长，忍忍就过去了……任何事情我坚持一个月还是可以的。唯一的问题是，我这辈子从未成功坚持下来和饮食、锻炼、写作有关的或你能想到的任何事情。根据以往的经验，我不是放弃了，就是总有那么几次"偷奸耍滑"。然而，如果这一次，我真的坚持到底呢？

于是我就坚持下来了。

三十天以来，我任何形式的苏打水都没喝。当你既健康快乐又不对什么东西上瘾时，这似乎没什么了不起。但对我来说，头一个星期简直就像地狱。但是，我不停地问自己，如果我就是不食言呢？一天过去了，又一天过去了，到第三个星期时，糟糕的感觉完全消失了。一个月过去了，我没有食言，更重要的是，我已经一点儿也不想喝健怡可乐了。现在四年过去了，我甚至根本没想过要像过去那样喝健怡可乐。在面对选择时，我的本能是去寻找我的训练经验——我得到的信息是我已经不喝那种东西了。在这样一件小小的事情上取得成功让我意识到，我和实现目标之间只隔着一样东西，那就是建立在过去完成的基础上的能力。

至于第一次跑半程马拉松，我是从坚持一周跑几次一英里慢慢开始的。当我坚持下来以后,一周跑几次两英里的目标就不再难以实现了。我的训练经验告诉我,不管我设定什么目标,我都能完成,即使再累我也能完成——所以我坚持下来了。

写第一本书嘛,情况也一样。在完成第一稿之前,我曾经中途放弃了至少十几部不同的小说的手稿。但一完成第一稿,我就知道这是我能做到的事情。当我赶截止日期时,我的本能是放弃、走开或把电脑砸到墙上,这时候我就会想起这样的场景曾经多次出现。以前我的手腕上戴着一个便宜的金色手镯,上面刻着我第一部小说的总字数:82311。每当我看到这个数字,我就会想起自己曾经取得的成就。当我写其他书时,一遇到各种困难,我就会从过去寻求力量。"好吧,"我想,"至少我知道我可以写出那么多字。我以前就写过!"

我知道,取消一次健身、一次约会,浪费一个本应用来整理橱柜的下午时光或违背某个你曾对自己许下的承诺,这些看上去没有什么大不了,但事实上,它们意义重大。这一点真的很重要。我们的语言很有力量,而我们的行动会塑造我们的生活。

如果你选择从今天起不再对自己食言,你就会让自己慢下脚步,因为你无法毫无意向地遵守每个保证、承诺、目标和想法。如果你意识到语言和你的承诺有如契约一样沉重,你就不会轻易许诺任何事情。你会问自己，这周是不是真正、真心有时间和朋友见面喝咖啡。你会决定，周日前锻炼四次到底有没有可能实现，还是两次野兽模式的锻炼和一次邻里竞走更为切实可行。

你会慢下脚步，仔细地把事情都想清楚。

你将不会再对一个目标只是说说而已，你会计划如何实现它。你会定一个目标，当你实现它的时候，你会给自己一个很大的惊喜！你会教自己一种全新的处事方式，为自己真正的样子设立标准——不是你一直梦想成为的样子，而是你每天都在实践的样子。

还有，也许你会考虑戒掉无糖饮料，因为里面的那些化学物质对你的健康有百害而无一利。

曾对我有所帮助的妙招：

1. **从一个小目标开始**。过去健怡可乐对我来说就像一条梦幻的难以割舍的大白鲸一样，但现在回想起来，戒掉一款饮料比跑马拉松、达到年度预算目标或写一本书要容易一百万倍。当有人告诉我想要开始节食时，我会建议他们从每天喝自己一半体重

（以盎司[1]为单位）的水开始。开始一个新习惯比改掉一个老习惯容易多了，但这个喝水目标是一个挑战。当他们克服困难坚持一个月后，其实已经为自己设立了新的成功标准，也意味着可以定一些更困难的目标了。

2.**不轻易对自己许诺**。我们会很容易加入听上去还不错的任何事情。一种健康饮食？当然。这个周六去教堂做志愿服务？当然。我们知道这些事情既重要又对我们有好处，所以我们答应了，以为应承下来自然会坚持到底。不幸的是，情况不总是这样。不要这么快就答应。你要学会只承诺那些你相信自己能完成的事情，因为这些事情确实对你特别重要。不然，如果你胡乱许诺，就一定会让自己陷入持续的失败之中。

3.**对自己坦诚相待**。坦诚面对自己取消的事情。这里取消一次，那里放弃一次，积少成多就可怕了……但只有当你拒绝承认自己的所作所为时才可怕。如果你仔细看看你在过去三十天里放弃的一切，也许你会为你训练自己行为的方式感到大为震惊。

---

[1] 英美制重量单位，1盎司约等于28克。

第三章

谎言：我不够好

我是个工作狂。

这句话说出来并不容易。这些词很沉重，包含的意义也让我很心痛。不过，如果我要给自己留点儿面子，我可以说我目前是一个正在康复的工作狂。

我是一个正在康复的工作狂。说这句话的时候，我感到既担忧又羞愧，就仿佛我正在向你坦白我有某种瘾。

刚才我又查了查这个词的定义，尽管几年前我就已经确认了自己的诊断。我的在线词典是这样描述"工作狂"的："一个感觉被迫过度工作的人。"

被迫。

这是一个很严重的词,不是吗?我一定不是唯一听到这个词就立马想到《驱魔人》这部电影、圣水以及一个吓坏了的牧师的人。但"被迫"这个词又很准确,比如你身体里面有什么东西绝不接受否定的答案,又比如你不假思索就去做一些事情。

我过去总感觉必须不停工作吗?

毫无疑问是的。

即便此刻,早上5:37,我正在电脑前写"工作狂"这一章,也是因为只有每天早上五点醒来码字,我才能做到既写书,又经营一家媒体公司,还不耽误照顾家庭。我仍然感到必须加油工作,直到我疲惫不堪了,生病了,对这个世界厌烦了,或不能集中注意力了,才可以罢休——但至少现在它们不会同时发生了。我觉得自己正在克服这个问题。

我拼命工作的部分原因很简单,那就是我热爱我的工作。不,应该是我超级热爱我的工作。我的工作伙伴绝对是你见过的最善良、最炫酷也最有创意的一群家伙。我团队里的每个人都要被锻炼和审核,每个岗位都要经手好几个人,才会最终被我们确定下来。每个人都受过训练，他们也反过来训练我如何管理团队和做一个好上司。我花了好多年来打造这支队伍。每当我走进公司，发现它运转良好时，每当有人在为下一次现场活动安排演讲者阵容，有人在拍摄你见过的最精美的图片，以及公司的团队与地球上一些大品牌达成了新的合作关系时，我都会发自内心地感到骄傲。我，一个乡下来的高中毕业生，组建了这么优秀的一个团队，对此我由衷地感到自豪。除此之外，我的心被快乐填得满满的，几乎快要爆炸了，因为这些优秀的人都在为我的梦想而拼命工作。

从前，我有一个肤浅、乡巴佬似的想法，那就是，我们能创造一个网络空间来帮助各行各业的女性，让她们有一种备受鼓舞和因为有志同道合的朋友而并不孤独的感觉，为她们提供帮助和给出建议，并且任何时候都充满正能量。你知道吗？这个想法完全可行，而且现在正在起作用！

当我开始写博客的时候，我的读者只有我妈和几个特别忠实的阿姨。现在我的网上信徒已经多达几百万了，并且这个数字每天都在攀升。我的粉丝都非常了不起。我敬佩他们，而且大多数时候我觉得他们也敬佩我——我很自豪我用行动创造了一个可以体现我的信仰的公司。棒呆了！

然后我就回家了。

回到家，索亚和福特正在为谁拿哪块乐高而争吵不休。杰克逊有点儿小情绪，不知他是从学校里的哪个同学那里学来的。如果他再对我翻一次白眼，上帝啊，我会把他的两个胳膊都扯下来，用它们暴打他的头。最小的婴儿正在出牙期，总是哼哼唧唧的。明天是幼儿园的睡衣日，我却因为要出差而不得不错过了。戴夫和我就像两艘在夜间航行的船，根本看不见彼此，我们都好几个星期没有过二人世界了。昨天我还因为预先包装好的午餐而冲他发火了，然后哭得稀里哗啦，把睡衣都弄湿了，因为我感觉自己是个彻头彻尾的浑蛋。还有，还有，还有……当妈妈真是太不容易了。一直以来，我都在这方面以一百种不同的方式苦苦挣扎。

而工作呢？噢，天哪，这可是我的强项！我在工作上相当出色。我是在生活方式媒体方面所向披靡的贝比·鲁斯[1]！

所以，当有机会选择是在工作室里大放异彩，还是待在家里打理家务时，我慢慢地养成了工作、工作、再工作的习惯。每当我在事业上取得成功时，我都将其当作一种证明，证明我做了正确的选择。

但是，等一下，大家，后面还有……

---

1 美国传奇职业棒球运动员。

你不会以为像这样的大问题是由一件小事引起的吧？不可能！引起一个人精神错乱的原因一定不止一个。我的问题就像一个维达利亚洋葱那样有太多层次。我的情绪包袱有一满车那么多，所以，让我们拆开一些吧。

我在家里四个孩子中排行最小，我童年时，我父母的婚姻出了很大的问题。虽然是家里最小的孩子，我却非常独立自主。我想，这两者结合在一起，就意味着当时我在很大程度上被忽略了——除非我做了什么特别好的事。

比如我在一次测试中拿了 A。

比如我在一次足球赛中得了一分。

比如我在学校的戏剧演出中得到了一个角色。

当我取得某种成功时，我就会得到表扬和关注，那样会让我感觉自己被接受了。但观众一停止鼓掌，生活就又回到了原来的样子。

孩提时的我从中学到的是——后来，经过一系列心理治疗，我才发现成年后的我依然如此——我需要制造出什么事情来才能得到爱。

直接跳到我三十多岁时吧,你会发现我几乎坐不住。我总是不断搬家,折腾很多事情,好像一直活在匆忙中。每完成一个目标,我的意思是,每当一个目标被完成,我的脑海中都会立即冒出这样的想法:好,下一个目标是什么?我发现,无论我取得多大的成就,庆祝或享受它带来的喜悦对我来说都很困难,因为我总在想我可以做一些更大的事情。在工作上,我总能搞定。我回到家,清洗盘子,整理橱柜,随后列一堆这辈子甚至下辈子都完成不了的待办事项清单。

迫切需要证明自我价值的内在驱使,加上事业成功的外在事实,使我成了一个可怕的工作狂。而我竟浑然不知这一点,更不知工作正严重影响着我的健康和家庭幸福。

第一次出现面瘫那年,我十九岁。当时我和戴夫相恋眼看就要满一年了,在经历了这漫长而艰难的第一年以后,我知道我们就要结束了。不是第一年要结束了,而是我们的关系要结束了。他似乎越来越疏远我,我们一直拼命努力想要维持的异地恋眼看怎样也维持不下去了。我能感觉到分手在即——就像菲尔·科林斯那首有大鼓独奏的歌的歌词一样——于是我开始焦虑。我以我一贯处理生活中任何形式的焦虑的方式来面对这种情感焦虑:加倍工作。这下,我本来就很重的工作任务更重了。可我根本没意识到自己在做什么。也许我在自我安慰:要是我不停下来想有坏事要发生，没准儿坏事就不会发生。

一天早上，我醒来后，发现我眨眼睛时双眼的速度不一样，左眼比右眼慢半秒。我以为只是工作太累，还想着是不是需要给自己配一副眼镜了。下午，我的舌头开始有刺痛感，随后完全失去知觉。我赶紧去看医生，担心自己有中风的可能。这是我生平第一次听说面神经瘫痪。我赶紧上网查了一下，才知道它是一种引起控制面部肌肉活动的神经损伤的间歇性麻痹症。接下来好几天我都无法闭上左眼，无法活动嘴巴，也感觉不到自己的左半边脸。我现在也不知道为什么只是半边脸，但我能告诉你的是，这一点只是增添了我的整体魅力。

我不得不戴上一只眼罩——顺便说一下，这一点超级性感，基本上是每个十九岁女孩的梦想。由于我不能动嘴唇，我说起话来含混不清，很难让人听懂。吃饭的时候，因为担心食物会从嘴里飞出来掉到地上，我不得不用手捂住嘴。面部神经损伤还引起了令人难以忍受的神经痛。那段时间，我太同情我自己了。

即使事情已经过去十五年了，我还是清楚地记得当我看向镜子意识到自己的脸多丑时的感受。我费劲地——徒劳无功地——画眼线和涂睫毛膏，仿佛化了妆就能以某种方式让面瘫消失一样。还有，等我好不容易化好妆，接下来就是不可避免地大哭一场，把妆哭花。那几周，我每天都活在担忧中，每天都在反复思量医生给我的诊断结果，他说这种情况可能会持续几天，也可能会过几个月才见好。至于具体多长时间，完全没法儿确定。

回想以前，我从来没有觉得自己多么骄傲自负。长大成人之前，我从未化过妆，也从未做过头发，但这次得面瘫，我突然超级在意自己的外貌。我变得极度消沉。除了去上班，我几乎不起床，一回到家，我就把自己裹在被子里。我根本不想起床，连电话也懒得接。只有一次，在一个朋友的劝说下，我好不容易才离开家。当我开口说话时，人们都盯着我，好像很同情我似的，这使我羞愧难当。

在所有的倒霉事中，我一直以来最害怕的事还是发生了，就像一颗我尽力躲避的子弹最终还是找到准心向我飞来。戴夫和我分手了。

好吧，是的，和一个得面瘫的女孩分手的确不是他最光彩的时刻，但我觉得有必要指出一个事实——在探索内心的时候，有时候我们难免会做一些伤害所爱之人的蠢事。然而，从我们和好的那一刻起（顺便提一下，这发生在我的面瘫还没好时），他就一直是一个不可思议的伴侣。我要说的重点是，为了不让一些不可避免的事情发生，我把自己活活累病了，还病得不轻。当一个月后，面瘫终于消退时，我的内心充满了感恩，很欣慰最糟糕的事情已经过去了。在我看来，这次经历就是一时倒霉罢了。

几年后，戴夫和我决定去欧洲旅行。那时我们还没有孩子，可以心血来潮，突发奇想一些计划，比如："我们去欧洲玩玩怎么样？"没有孩子，没有宠物狗要照顾，也没有其他真正意义上的责任束缚，我们说走就走，坐航班到欧洲逛起了古老的教堂。我们把护照压在行李箱的衣服下面，因为害怕别人口中的"吉卜赛人"会对我们进行抢劫。上帝保佑我们。

当我们到达佛罗伦萨时，我惊喜地发现这里跟我想象中的意大利一模一样。我们吃了很多意大利面，走了很多鹅卵石街道，也肆意做爱，就像这是我们的兼职工作一样。我们经常花一整个下午在一起，想象我们的未来和应该给未出生的梦中儿女取什么名字。那是我人生中最浪漫的一段时光。

几天以后，我们到了威尼斯，我的舌头又开始发麻了。

我站在一间意大利酒店房间里哭了，因为我知道面瘫又来了。我们的假期原本非常完美，这样一来，我们还得在异国他乡寻求医疗救助，由此而来的巨大压力肯定会破坏完美的气氛。说句题外话，借助我的英意翻译指导书来向一个威尼斯药剂师解释我需要一只眼罩，这件事至今仍然是我人生中最搞笑的一次经历！此外，眼罩——加上我瘫痪的脸——意味着我们过海关时可以直接到每个队列前面去插队。这也算是不幸中的万幸。

戴夫和我就像喜剧演员一样一向爱搞笑，我们总是拿面瘫给我们带来的便利条件开各种各样的玩笑。比如，我完美地扮演了一次小萨米·戴维斯[1]。另外，关于海盗的玩笑更是没完没了。哎呀！直到我们到了巴黎——我一生中梦想的旅游胜地——即使开玩笑也不能让我打起精神了。当我们走过战神广场的时候，我突然意识到，我梦寐以求的照片——埃菲尔铁塔下的我——将会永远提醒我得面瘫这件事。不管多么不愿意承认，那一刻，我真的前所未有地同情自己。在那张旧照片里（顺便提一下，你可以在网上找到它。很显然，我已经不再惧怕在网上分享任何照片了），我独自站在埃菲尔铁塔下，为了抵抗严寒，身上裹得严严实实。为了掩饰眼罩，我戴着墨镜。既然笑容只能展示在我的半边脸上，我干脆没有笑。

我们回到家以后，医生给我开了类固醇，并让我去看神经科医生，以确保这次面瘫不是别的什么大病的征兆。经过一系列检查，医生发现我并没有肿瘤，尽管我十分确信我有。随后，他们给了我一个十分有趣的诊断结果：两次得面瘫时，我都处于巨大的压力之下；和很多女性一样，我工作十分努力，忽视了照顾自

---

[1] 美国著名歌唱家。

己的身体。我争辩说不可能是这样。毕竟，我第二次面瘫是在一次浪漫的假期里发生的。这时，戴夫指出，这实际上是我们三年来第一次度假。三年来连续每周工作六十个小时，才休息两周，这对一个女孩来说可并不是什么最好的减压方式。当时，我正处于创业初期，每天都忙得团团转，急切地想要证明自己。还有，那时我们正在备孕。当时我只有二十四岁，以为怀孕很容易，可是几个月过去了，我的肚子毫无动静。在这种情况下，我没有去释放压力，相反却让自己变得更加忙碌。

我们的身体太神奇了，它们能做一些令人难以置信的事情。如果你愿意倾听，它们也会清晰地告诉你它们的需要。如果你不愿意，如果你想不休息地做太多事情，它们就会完全罢工，来得到它们需要的休息。

大约三年前，我开始出现头晕症的征兆。如果我一直工作，房间就会在我身边摇晃起来。接下来的一整天我都会感觉晕乎乎的，眼睛也无法聚焦，大多数时候都有呕吐感。连续几周如此。我以为我只是需要多睡一会儿，多喝点儿水或少喝点儿健怡可乐。直到有一天，我头晕得实在太厉害，以至于不敢开车带孩子出去了，这才决定去看医生。

这次我看了好多医生。

内科医生、过敏医生、耳鼻喉科医生……没人知道病因。我食欲不错,身体的各项体征也很健康。我还跑马拉松呢,看在老天的分儿上。他们一致认为我确实得了头晕症,但都不能明确地告诉我病因。最后,耳鼻喉科医生指出,这是由过敏引起的季节性头晕。既然没人有更好的主意,我就接受了这个说法。"每天吃一片过敏药。"他告诉我。于是我照做了。

接下来,每天晚上我都服药,从未间断。有时头晕得实在太厉害,我就服两片。这使得我总是昏昏欲睡,但至少缓解了我的头晕症。这样持续了一年多以后,我逐渐接受了这个事实:我大概要永远生活在头晕症的阴影下了。没有什么大不了的,我告诉自己。这只意味着,为了弥补我不能像以前一样高效工作的缺憾,现在我需要百分之一百三地投入工作,而不是像以前一样只拿出百分之百的干劲。这句话写下来感觉很疯狂,但在当时的争强好胜的我看来,这简直就是真理。

然后,大约两年前,我听说有个主张顺势疗法的医生专治头晕症。以前我从未看过顺势疗法医生,但在那时,即使有人说伏都教和童子鸡可以治好我持续不断的呕吐感,我也会认真考虑的。

我去见了他。他竖着马尾,穿着有机大麻做的T恤,身边有一座很大的象头神雕像。当他对着他旁边的空气而不是我说话时,我尽量保持开明和谦虚的态度。我把我何时生病和它如何影响我的生活等整个故事都讲给他听了，之后，他问了我差不多一百个我的情绪、童年以及我有某种感觉的深层原因之类的问题。我一边回答，一边想："他什么时候给我开药啊？我们为什么还在聊压力？还有，这和那串小小的水晶有什么关系？"去见他之前，我以为顺势疗法医生会告诉我不要吃糖，甚至是不要吃奶制品，因为它会扰乱人的脉轮或其他什么东西。

但在我说了两个小时以后，他突然打断我，然后对整个房间宣布道："好了，不用再说了。我知道哪里出问题了！"

然后，他让我彻底服了。他指出，我的头晕症起源于我第一次在工作上面临巨大的压力时。而有时我的头晕之所以严重到甚至不能把头从枕头上抬起来，是因为压力更大了。

当我在奇克公司进行了一次重大的人员调整时，头晕症犯了。当我因为要写第一本签约书而兴奋不已，但随后又认为它太糟糕，我一定会被开除和不得不退回预付款时，头晕症又犯了。我的头晕症每次发作，都是身体对情绪问题的反应。身体对情绪问题的反应。

我都不知道我们的身体还能这样！

是的，我知道每个敬畏上帝、遵纪守法、观看奥普拉脱口秀节目和听说过自我保健知识的女性都知道这一点，但我是在乡下长大的。我十三岁的生日礼物是一把猎枪。虽然我看似在洛杉矶生活了十四年，但我的乡巴佬气质太根深蒂固了。他的话像冰水一样把我浇醒了。现在，既然我知道他说对了，我立刻就想知道应该如何治疗和回到正常。

"回家，什么都不要做。"他告诉我。

"对不起，您说什么？"

"回家，什么都不要做。坐下来，看看电视，在沙发上窝一整天。你会发现，你的世界不会因你不以一小时一百英里的速度前进就崩溃。第二天起来重复同样的事情。"

跟你说实话，我亲爱的读者，他的话让我想吐。这听上去太疯狂了——的确有点儿疯狂——一想到什么都不做，我就浑身起鸡皮疙瘩。即使在我休息时，我也总会找些事情来做。如果我不是在照顾孩子，就一定是在收拾房子、清理橱柜，或者给自己做DIY面膜。

"如果你停下来什么都不做，会发生什么事？"他问我。

我在盲目的恐慌中摇了摇头，脑海中突然出现一条鲨鱼因缺乏运动而死，漂浮在海面上的景象。

我能想到的是："我不知道，但一定很可怕。"

说到改变人生的时刻，说到有人对你举着镜子，让你意识到你根本不是你一直以为的那个人——我每天都在想如何帮助女性更好地生活，一直以来，我真的相信自己有资格去教导别人，因为我自己就过着这样的生活。与此同时，我却忽视了一个女人在有能力照顾他人之前需要做的最根本的事：照顾自己！

我需要在生活上做出重大的改变。

我强迫自己不再长时间工作。我把上班时间调整为上午九点半到下午四点半，然后惊喜地发现，世界依然正常运转。我强迫自己休息、静坐，无所事事。一开始，这让我焦虑不已，于是我给自己倒了一杯酒，然后继续干坐着。我开始在当地的流浪者收容所做义工。事实证明，我在街舞课上毫无天分，但我还是热爱它。每次上课，我都像一个蹒跚学步的小孩，可以全程边跳边笑。我到处寻找快乐，到处寻找宁静。

我不再喝太多咖啡因。我和我的孩子们玩耍打闹。我参加很多心理治疗，然后一再重复同样的事。我祈祷。我在《圣经》里仔细查找关于休息的经文。我和我的女性朋友们出去吃饭、聊天。我和我的丈夫进行浪漫的约会。我告诉自己，一天一天慢慢来，不要迷恋下一个胜利，多去欣赏当下的简单生活的点点滴滴。我慢慢地学会了庆祝成就，不是搞一些华丽的大派对，而是搞一个小小的墨西哥玉米卷之夜或用一瓶好酒来犒劳自己。

我认可自己的辛勤工作和公司的成就，也安心地接受了一个事实：即使这两者明天都突然消失，我也会安然无恙。我认真研究了福音书，并最终理解了上帝的圣意：我被爱着，值得被爱，也足够优秀……我生来如此。

学会休息是一个持续的过程。跟其他任何持续一生的行为一样，我必须不断地与想回到我扮演了那么久的角色的欲望做斗争。他们说解决问题的第一步是承认自己有问题，两年前我正是这么做的。我发现自己是一个正在康复的工作狂，但通过这个过程，我也发现自己是上帝的孩子——这一点完胜其他任何事。

曾对我有所帮助的妙招：

1. **去看心理咨询师**。这可能是我在为每个我解决过的问题列办法清单时都会排在首位的事情，但在这里尤其是这样。如果不是我的心理咨询师，我就永远不会理解我童年缺乏安全感和成年后取得诸多成就之间的联系。如果不是我的心理咨询师，我永远不会意识到对成功的渴望实际上也可以给人带来很大的伤害。我强烈推荐心理咨询，如果我有碧昂丝那么富有，我要做的第一件事就是为我能找到的每个女人付心理咨询费。请让你的朋友向你推荐他们喜欢的咨询师，或者让你的妇科医生帮你参考。妇科医生一般都知道对女人来说什么样的咨询师最合适。相信我。

2. 极力争取快乐。就像你努力争取其他事情那样来努力制造快乐时光、假期时光和"即使尿裤子了也要开怀大笑"时光。我鼓励你去散散步、给朋友打打电话、喝喝酒、洗洗泡泡浴或休闲地吃吃午餐。当你回来后，你会发现所有工作依然在原地等你，而稍微放松一下能让你恢复元气，给你力量去处理那张永远也写不完的待办事项清单。

3. 对清单进行重新排序。当我让大多数女人说出什么对她们来说处于优先位置时，她们能立即回答上来：孩子、伴侣、工作、信仰等。也许每个人的清单的顺序略有不同，但核心要点几乎都一样。你知道无论我问多少个女性都不会变的还有什么吗？女人实际上总是把自己放在首位。你应该排在自己的优先事项清单的第一位！如果你不首先照顾好自己，你就无法照顾其他人。另外，确保你不再总是想逃避问题的最佳方法之一就是直面它们。

第四章

谎言：我比你强

我觉得有必要承认……我会给脚趾剃毛。

我真的会这样做。

有时候——注意，不是一直——我在洗澡时，一低头就看见自己大脚趾上的毛都长得可以编起来了。这很令人尴尬，当然，但我用刮毛器快速扫过一遍后，就能让我的脚趾关节瞬间恢复一贯的丝滑般的优雅了。

要不是我高一那年曾取笑英语课上的一个女孩做同样的事情，承认这件事就不会让我这么难为情了。唉！即使过去了这么久，现在想起来，我依然感觉当时自己太浑蛋了。

朋友们，让我简单描绘一下我高中时代的样子。那时我特别壮实，比现在重二十磅。我穿的衣服来自二手货商店，而且我是戏剧俱乐部的主席。我不是经常嘲笑别人，而是经常被嘲笑。但有一次，我确实嘲笑他人了——我记忆中仅有的一次主动嘲笑别人。也许正因为如此，这件事我一直都没能忘怀。也许正因为如此，现在我依然感到羞愧难当。

我们把这个女孩叫作史米娜吧。

她的真名叫蒂娜，但我想写得隐晦一点儿。

史米娜是那种总是对自己充满自信的女孩。跟其他女孩相比，她早早就发育了。不仅如此，她还很有幽默感。因此，她很受欢迎。总之，她受欢迎的程度是我永远也比不上的。有一天，在贾克提老师的英语课上，当我们本来应该写一篇关于佐拉·尼尔·赫斯顿的论文时，史米娜提到了一些她给脚趾刮毛的事情。我不知道她为什么要提这件事……我猜，对招人喜爱的女孩来说，分享各种如何打扮的小道消息就像普通的女孩谈论天气一样正常吧。但不管怎样，我虽然没有直接对她说什么，却跟我最好的朋友说了很多关于这件事的坏话。"谁会刮脚毛啊？更重要的是，谁会有需要刮毛的长毛脚趾啊？史米娜明显是得了什么她不愿意承认的腺体疾病吧。"

多么荒谬的话啊！大多数人都会忘记自己说过那样的话，多年来它却一直困扰着我，因为在嘲笑史米娜和她的长毛脚趾的同时，我也在刮自己的脚毛！时至今日，我对天发誓，每当我低头看到自己的大脚趾，发现它上面的毛又粗又乱时，我都会想起青春期的自己是多么浑蛋。

蕾切尔的头号缺点是什么？长毛脚趾。

蕾切尔的二号缺点是什么？虚伪。

一个关于长毛脚趾的故事，一个叫史米娜的女孩，以及多年前我就应该找一个有执照的心理医生去帮我解决的青春期焦虑，这些听上去也许是最无聊的话题。但是，我想，爱诋毁别的女人的心理通常恰恰来源于我们十四岁时的不安全感，这一点可一点儿也不无聊。

我们为什么要这样做呢，女士们？我们为什么要八卦或者互相指责？为什么我们星期天早上刚和一个人打过招呼，几天以后就在别人背后嚼舌根？这会让我们自我感觉好很多吗？嘲笑那些不按我们能接受的方式生活的人，会让我们感觉更安全吗？如果我们指出他们的缺点，就会减少我们自己的缺点吗？

谎言：我比你强

当然不会。事实上，我们很多时候搬起石头想要砸向别人，最后都砸了自己的脚。

你曾经刮过你的脚毛吗？

我真正的意思是，你曾经取笑过别人吗？你曾经用手指过别人吗？你有没有注意到，这样做的时候，你的三根手指其实正指着自己？我们都经历过这样的情况，但这并不代表这样做就是对的。贬低别人并不会抬高你自己。只有认识到所有语言都是有力量的——即使是那些在别人背后的窃窃私语——你才能改变你的行为。

几个星期前，我在从洛杉矶飞往芝加哥的航班上遇到了一个女人。她和她的丈夫带着两个男孩一起旅行，小的那个大概四岁。他是我见过的最不守规矩的孩子。我们刚进舱门，还没来得及坐下，就听见他在尖叫——我说的不是抱怨或抗议，而是大喊大叫，原因是他不想坐在座位上，只想到处乱跑。他的母亲不得不用力把他按在座位上。他一直大叫，要求他的母亲放开他，这种情况持续了至少半个小时。飞机上的每个人，包括我在内，在他停止喊叫之前都相当痛苦。但是，过了一会儿，我起身去卫生间时，才终于知道他为什么安静下来了：他拿着一大袋毛毛虫软糖，一路开心地吃着呢。

朋友们，跟你们说实话吧，这一刻，我感到非常厌恶。

首先，作为一个被严厉的父母养大的严厉的母亲，听到他大喊大叫，我就在想："噢，天哪，不可以这样！"飞机飞行期间，我一直想着他的母亲。我在想，她真的太需要好好管教管教他了，让他知道一些原则问题，她还需要从丈夫那里得到一些支持。当我看到她居然奖励了他的坏行为——而且是用糖果——时……快让我离十字架近一些吧，耶稣啊！我满脑子都是：这个女人完全不知道该怎么教育孩子。

不久，在行李认领处，我又看见这家人了。那个四岁的男孩简直太野了——在众目睽睽之下，他跳到一条没有运行的行李传送带上，打他的哥哥，还一圈一圈地跑个不停。"他的妈妈怎么了？"我一直在想，"她为什么不管管他啊？！"

然后，我看见她站在行李传送带旁……一副精疲力竭的样子。当我仔细观察她时，我发现她几乎要流泪了，看上去既困惑不已，又不知所措。当他们的孩子围着他们一圈一圈地跑时，她的丈夫脸上的神情同样既震惊又困惑。

这时，一个温柔的声音提醒了我："蕾切尔，你不知道他们经历了什么。"

一时间，我因我的无知而感到特别惭愧。也许这个小男孩有很难控制自己的冲动的特殊需求。也许这个小男孩是一个刚刚被收养的小孩，在他年幼的生命里，大部分时候他都在寄养家庭里奋力挣扎——鉴于我们经历的一切，我应该充满感恩。也许这个小男孩只是行为恶劣，他的父母正在学习如何管教他，因为他们的大儿子这么大的时候很好带，所以他们并没有这方面的经验。不管是什么原因，我都永远不会知道——在问问我自己事情为何会这样之前，我就开始对她评头论足了，而不是先了解情况或假定她是无辜的。

女人喜欢评判其他女人。这句话在我心里有一段时间了。我绞尽脑汁想了好久，才能用语言表达出来。我的身边处处都是这样的例子，只是存在的方式不同而已，而那个在飞往芝加哥的航班上的可怜又疲惫的妈妈只是让我记起了我想说的话。

我想说的是，我们都在评判彼此，但是，即使我们都在这样做，也不是借口。评判别人依然是我们最伤人、最具恶意的冲动之一，它使我们不能建立一个更为强大的团队……或根本就没有团队可言。评判别人不仅会阻碍我们拥有美好、积极向上的友谊，还会阻碍我们以更深层、更丰富的方式互相交流，因为我们被困在自己对别人肤浅的假设上了。

女士们，我们必须停止评判他人了。

我们也必须停止与身边的每个人展开竞争的冲动。

关于这一点，我也来举个例子吧。当我听说我的一些女性朋友要去参加旧金山耐克女子半程马拉松赛时，我特别兴奋。对她们中的一些人来说，这是第一次。我兴奋的另一个原因是，这意味着一次周末旅行。于是，我立即主动加入她们的旧金山之旅。我们计划周五动身，花大约五小时从洛杉矶开车到旧金山，周六在市区逛逛，周日跑马拉松，再开车回家。等等，收回这句话。是她们跑马拉松……我只是站在路边，在她们慢跑过去时给她们加油助威。这感觉特别有意思，因为我自己也跑步……不仅如此，而且我在跑步方面特别好胜。我喜欢挑战自我，喜欢尝试更大更好的比赛，喜欢打破自己的纪录，鞭策自己达到最佳状态。我不喜欢——实际上，以前我从未做过——当别人正在做一些我完全有能力驾驭的事情时，在他们身边为他们加油。我一直在想，要是我没必要在这种情况下证明自己呢？要是把自己变成更好的人更多是出于我想要服务他人的意愿而不是想要与他人竞争的意愿呢？

于是我去了旧金山。事实上，我开车把大家送到了旧金山。因为我想，如果我要跑十三英里，我最不想做的事就是开四百英里车。

值得一提的是，虽然我做了这些事情，也和我的女性朋友们玩得不亦乐乎，但我在给她们当啦啦队这件事上并不总是心甘情愿。周日早上，大家一大早就出发前往起跑线了。我打起精神往相反的方向走去，目标是五英里标志牌。走了大概二十分钟以后，我发现周日早上六点打到车几乎不可能。这时我才意识到，在旧金山黑灯瞎火的市中心独自行走也许是我做过的最傻的一件事了。我很自然地想道："看，这就是你想要做好事的下场：你会在一个陌生城市的街道上被谋杀的！"

当我担心自己的生命安全，又没有喝咖啡时，我就会变得特别夸张。

不管怎样，在那时，我决定转身朝终点线走去。事实证明，走到终点线差不多意味着要爬三十二座比有些大山还要高的小山。到达终点线的时候，我已经满头大汗，怨声载道。我一边抱怨这个残酷的考验，一边想着，当初我到底为啥要同意这么做呢？

就在这时，我看到了第一个马拉松精英运动员。

马拉松精英运动员是那些好像五分钟就能跑完一场比赛的人。他们跑在路上就像猎豹或瞪羚一样快，着实令人惊叹。作为一个首次参加马拉松比赛时十二分半钟才跑完一英里的人（相比之下，马拉松精英女运动员只用六七分钟就能跑完），我完全惊呆了。由于我在马拉松比赛中总是远远落后于这些运动员，我还从来没有亲眼见过一个真人。我站在那里，看着他们一个接一个飞快地从我身边过去，感觉亲眼见到他们跑步时的样子真是太幸福了。在接下来的两个半小时里，我就站在原地为陌生人加油。我不停地鼓掌（作为一名牧师的女儿，我的祖传技巧终于派上用场了！），喊到嗓子都疼了。我把自己比赛时从场外观众那里听到的鼓励全都喊出来了。

"你太强了！"

"你马上就到啦！"

"你可以的！"

最后一句是我在跑步中感到困难时从来没听别人说过但一直在心里对自己说的话。每当我看到有人要放弃时，我就会一遍遍地喊这句话：

"再难的事你都挺过来了，不要现在就放弃！"

最后，在同一个地方，我终于看见我的朋友凯蒂和布里塔妮

谎言：我比你强

从她们第一次半程马拉松赛的十二英里外慢跑过来。你可以从当时有人给我们拍的一张照片中看到这个场景。我像个疯子一样又喊又叫，抑制不住兴奋，想要越过围栏去狠狠地拥抱她们。我太为她们感到骄傲了，又是哭又是笑——仿佛她们的成就也是我的成就一样。我在外围陪着她们一起慢跑，完全沉浸在那一刻的喜悦中。这时，我听到上帝非常清晰地说："想象一下，如果你只是想着自己，你今天将会错过多少事情。"

我将不可能看到那些精英运动员，不可能见证我的朋友汉娜跑出她的个人最好成绩（不到两个小时就跑完了十三英里！），也不可能站在乔伊旁边——跟她相比，我的加油助威不值一提。跑完自己的马拉松以后，乔伊就一直在为其他运动员加油，喊叫声比任何一个外围观众都大。我将不可能在终点线拥抱凯蒂和布里塔妮，不可能看到这一切……我会再跑一个半程马拉松，就像我之前跑过的十次那样。除了多一点点骄傲和到达终点时他们会给运动员派发的香蕉，我将不会有任何期待。

要摆脱评判他人和与他人竞争的欲望，第一步就是要承认人人都在经历这一切，没有人能够幸免。有些人常常在许多小事上评判他人：对某人的穿着打扮翻白眼，对杂货店里一个举止恶劣的小孩皱眉，对来学校接孩子的某个脸色凝重、每天都穿着套装、看上去烦躁易怒的母亲进行无端的猜测。对另一些人来说，评判别人则是一个大问题：因为妹妹的看法和你不一样就严厉地斥责她；与其他女人一起恶毒地传播流言蜚语；在社交网站上对一些你根本不认识的人恶言相向，仅仅因为他们的行为举止对你来说越界了。

第二步是要意识到，不能因为你相信什么，就意味着别人都得相信什么。在很多情况下，评判都来自一种感觉，仿佛别人还没弄明白是怎么回事，你就以某种方式全都搞懂了。互相评判会让我们更确信自己的选择，这种情况在信仰里最为常见。我们觉得自己的宗教信仰是正确的，因此，其他宗教信仰一定是错误的。在同一种宗教里，甚至在同一座教堂里，人们也喜欢互相评判，说对方不是合格的基督教徒、天主教徒、摩门教徒或绝地武士。我不知道你的信仰里有什么核心原则，但我的核心原则是"爱邻如爱己"——不是"如果你的邻居外貌、举止和思考方式看起来和你一样，你就应该爱他们"，也不是"只要你的邻居衣着合适、言谈得体，你就应该爱他们"。

只是毫无条件地爱他们。

是的，我也相信应该互相监督，但互相监督发生在社区和关系里。互相监督发生在一段美好的友谊里，比如你和你的朋友坐下来，带着关爱问彼此是否特别关注自己的行为。互相监督的本意是爱，评判他人则产生于恐惧、蔑视甚至憎恨。所以要谨慎，不要以为给你爱评头论足的习惯套上一层为他人负责的外衣就可以让你的良心好过了。

在过去几年里，我一直在为打造服务女性的内容而不懈努力。我花了数不清的时间，想要弄清楚像我们这样的女性在生活中到底想要什么。你知道她们想要什么吗？你知道我听到最多、收到的邮件谈到的最多、被问到建议最多的头号事情是什么吗？朋友——如何交朋友，如何维持友谊，如何发展真正的宝贵的关系。这才是女人最渴望的东西。这才是她们真正想要和期待的东西。如果这是真的，我们就必须从源头开始。

我们可以从头开始，告诉自己要保持开明。我们可以从第一次打招呼或握手开始，依据事实和经验来做决定，而不再是仅仅凭主观判断。我们可以主动寻求共性而不是发现不同。我们可以忽视诸如头发、衣服、体重、种族、宗教信仰或者社会经济背景之类的因素，关注诸如品格、心灵、智慧和经验之类的因素。不，也许这个过程不会容易，但我向你保证绝对值得。你的群体就在那里，如果你还没找到它，那么我希望你考虑一下，也许你的朋友们是以一种你意料之外的方式出现的。

曾对我有所帮助的妙招：

1. 不要跟那些喜欢评头论足的人交朋友。近朱者赤，近墨者黑。如果你的朋友整天满嘴八卦、尖酸刻薄，我敢说你也会开始有这样的坏习惯。当你寻找女性朋友时，要找一些愿意互相帮助而不是互相诋毁的朋友。

2. 监控自己。如果我们已经有评论他人的习惯了（说实话，我们大多数人都是这样的），我们就要好好地监控自己。每当我发现自己又在默默地评论一个人时，我都会强迫自己停下来，多想想这个人的优点。通过这样做，我正在慢慢学习寻找积极因素而不是消极因素。

3. 处理问题。通常情况下，我们对别人评头论足也好，传播八卦也好，都缘于我们自己的内心充满了不安全感。寻找一下自己的深层原因。是什么在让你抨击别人？要成为最好的自己，第一步就是要坦诚，真正坦诚地面对你的一切动机。

第五章

谎言： 好好爱他就够了

我对他一见钟情。

这听上去很夸张吗？很可能。我不知道我是不是当时就意识到这一点了，但我们初次相遇的画面在我的脑海里如此清晰，恍如昨日。

我去大厅接我的老板预约在十一点要见的客户。只有一个人站在那里。他背对着我，双手插在口袋里，肩上挂着一个破旧的皮制斜挎包。

我先注意到包。

我记得当时我想的是，这个人穿着职业装，却带着一个破旧的皮包而不是公文包，这也太酷了。

"打扰一下，"我边穿过大厅边说道，"请问您是来这里见凯文的吗？"

他缓缓转过身。在我心里，这一幕就像电影里的慢镜头一样。当我看见他的脸时，整个回忆都亮了。他对我笑了，伸过手来跟我握手。这一刻，时间仿佛定格了，过了好久才回到现实，恢复正常。

"刚才好像发生了什么事情。"我清楚地记得当时我的脑海里出现了这样的想法。我感到既兴奋又害怕。他比我年长、成熟，我根本配不上他。但我发现自己还是忍不住想，也许……

这个"也许"成就了后来的故事。我没办法控制自己的好奇心，它足以把我吓一大跳。我多么希望当时自己能穿得漂亮一点儿，而不是一条黑色长裙和一件不合身的T恤衫。

其实那天不是我第一次跟他说话，之前他经常打电话来找我的老板。但那天是我第一次面对面地跟他说话。以前我不知道他长什么样，准确地说，不知道原来他这么帅。于是，我们之间单纯的工作关系迅速变得暧昧起来。

值得一提的是，以前我完全没有跟男人交往的经历。我大一时就在做实习生，那年暑假他们给我提供了一份正式的工作，我立刻退学接受了。当时我刚满十九岁。我高中时曾亲过几个男生，但从来没有正式谈过恋爱，也从来没有正式约过会。也许我在工作上表现得比我的实际年龄成熟许多，但在爱情方面，我的经验为零。

我们的关系通过邮件和在工作场合互相凝望发展起来。也许应该告诉你，我拿着我大姐的身份证，所以，在工作场合，我可以像其他人一样给自己点一杯酒。鉴于我的工作，这个男人从来没有想过要怀疑我的年龄。我也从未主动透露这方面的信息。

还有一点值得告诉你的是，他比我大八岁，生活经验比我丰富多了。

他约我出去。这可是我真正意义上的第一次约会，于是我花了好多天来思考到底该穿什么。到达约会地点的时候，我有点儿惊讶地发现他穿得很随意。回想起来，这明显可以说明一些问题——他对这次约会的准备对比我的准备——但事后我才发现这一点。

我们沿着街道走进一家意大利餐馆。我尽量让自己保持冷静，尽管内心深处我因为我们真的在约会而吓坏了。我很紧张，很担心他会牵我的手或吻我，或者又牵手又接吻！我完全不知道如果其中一种情况发生了，我该如何优雅地处理。于是，我一直在心里热切地祈祷千万不要发生这样的情况。

我们在桌旁坐下来，点了一瓶酒。

"但愿你不是那种害怕在约会时吃饭的女孩。"他笑着说道。

这句话让我有点儿恼火。我是什么样的女孩还未可知呢。我不喜欢他把我和其他人进行比较，也不喜欢这句话的潜台词：这不是他的第一次约会。

作为回应，我把那个本来应该和他一人一半的比萨吃了一大半。他谈论自己谈了足足两个小时，但我不介意，我被他深深地迷住了。

那天晚上，当他陪我一起走到我的停车位时，我觉得自己可能病了。我百分之九十九确信他会吻我，也很确信我不是那种第一次约会就接吻的女孩。我的意思是，虽然我对这个理论没有实践经验，但感觉事情就该这样。所以，当我把包扔进前排座椅，转身看见他靠过来时，我立刻举起双手挡在我们中间——一副优雅的模样——并喊道："不要吻我！"

他停在那里，就像夜里被车灯照到的小鹿一样突然愣住了，随后就像电影里性感的男主角那样轻声笑了起来。

"我只是想拥抱你一下。"他告诉我，抓住我的手用力地握了一下，"但为了保险起见，也许这样更好。"

他表现得太迷人了，我羞愧得要死。开车离开时，我晕乎乎的，感觉自己有一点儿陷入爱情了。我毫不怀疑地相信，我会嫁给这个男人。

在吃了一顿比萨、喝了一瓶便宜的红酒以后，我们开始正式约会……至少，我以为我们在约会。

我不知道约会也有规则。

我也不知道它还可以是一种游戏。

第一次约会过了没多久，他又约我出去。这次是去一家当时很受欢迎的时髦餐厅喝汤。只有在洛杉矶，你请一个人去一家当地流行的喝汤的快餐厅约会才一点儿都不讽刺,也没有人会觉得奇怪。

一周后,他问我是什么时候大学毕业的——伙计,我还没告诉他我的年龄呢。在某种程度上,我知道他会不太满意我们之间的年龄差异。我给他回了一封邮件(那时人们还没开始发短信呢,孩子们),开头是这样的:好吧,有意思的是……

他很快就回邮件了,说我是天才小医生[1],还说我确实给人一种少年天才的感觉,因为我不仅年纪轻轻就有了这份工作,而且在和一个成年人交往。那时我不知道,在那封邮件的另一端,那个成年人可一点儿也不高兴。

等我们下次约会时,他说,我太年轻了,在各方面都没有经验,他不想伤害我。

如果我告诉你,当时我根本就没听见他说了什么,你相信吗?我的意思是,我的听力很正常,但我的大脑根本就没听进去。我一直想:"你究竟能怎么伤害我?我们会结婚生子,我们的生活一定会很棒!"

1《天才小医生》是美国二十世纪九十年代的喜剧片,主要讲述了天才的少年一样有烦恼的故事。

我的意思是……请保佑我那颗年幼无知的心。

他反抗，但我有顽强的决心来追求爱情。我觉得自己足够成熟了，可以处理这点儿感情问题。很快，我就从一个还没约过会的女孩变成了每天晚上都在他的公寓里过夜的女孩。为了明确起见，让我把这句话说出来吧：那时我们还没有发生关系……但说实话，这只是个术语，看你怎么定义了。

当你在为一个基督教出版商写一本书时，你会承认这一切吗？我不知道。但我可以肯定的是，我不是唯一爱上一个男人就把自己一直以来相信的每个典范都抛诸脑后的"虔诚的基督教女孩"，因为对恋爱中的女孩来说，没有什么比被他爱着更重要了。

交往一个月以后，我们去我朋友家参加一个派对。由于我是一只情场小白兔，完全不懂交往规则，那天晚上，我把我的男朋友介绍给每个人了。

"这是我的男朋友。你见过我的男朋友了吗？他是谁？噢，这就是我的男朋友！"

噢，想起来我就觉得尴尬。另一件让我尴尬的事情是，第二天早上，他明显很生我的气，却不告诉我原因。在我的一再追问下,他才终于一脸丧气地发了一通火:"以前你一直表现得不像你那个年纪的人,但昨晚就好像你的衣服上写着你的岁数一样。"

哎哟。

从很多方面来说,他都对了。工作上,我总是表现得很专业;我们在一起时,我也表现得很成熟,但在这种情况下,我完全不知道规则。我不知道,原来你不可以不经讨论就说一个男人是你的男朋友。我天真地以为,如果一个人看过你的胸部,你们也总在一起吃饭,就意味着你们是一对了。说句真心话,我对和戴夫赤裸相见这件事一点儿也不愧疚,因为我认为我们是要结婚的。我给自己的选择找理由,因为我以为这是我们之间伟大爱情故事的一部分。但与此同时,这个男人根本就不认为我们在约会。

三十四岁的蕾切尔事后把这一切都看得很清楚。而十九岁的我被爱情冲昏了头,很没有安全感,所以,我以为他说过的那些伤人的话或做过的那些伤人的事都是情有可原的。

写下这些对我来说很困难。我的丈夫读起这些也会很困难。现在的戴夫和以前那个男人已经完全不一样了,如果他知道——我从未和他分享过这些细节——写下这些对我来说多痛,他也会感到痛苦的。

但事情是这样的：我不是唯一让一个男人这么恶劣地对待自己的女人。把我的故事说出来非常重要，因为我相信你们有些人看完我的故事会发现自己正处于相似的情况。和以前的我一样，也许你正深陷其中而看不到事情的真相。通过告诉你我的故事和真相，我希望能帮助你们有些人做出比我当初明智的选择，或看到现实的本来面目。

因为丑陋的现实就摆在眼前：我只是他的"约炮"对象。

这个牧师的女儿，这个以前从未约过会的女孩，这个传统的好女孩……每个晚上他一给我打电话，我就开车把自己送到他家，还假装他白天不愿意承认和我的关系这一点不会让我伤心。

我们在一起的时候，他对我是如此温柔体贴，以至于在他不给我打电话的日子里，我也总能感觉到我们之间的情意绵绵。少数几次情况下，我和他在酒吧见面。他的朋友当我完全不存在，更糟糕的是，只称我为"那个十九岁的女孩"，而他不会说一句话来阻止他们。这时我会为他找借口。我就像学生时代的胖女孩，在别人嘲笑自己之前就开始自嘲……我表现得好像我可以理解这个玩笑——"我就是个笑话"——好像我不值得被维护。当他在我面前和其他女孩调情或邀请我去一个地方却整晚都不搭理我时，我告诉自己要沉着冷静。当我说他是我的男朋友时，他的反应非常恶劣，而我学会的却是如果我指出这一点，我就是一个"黏人精"。对他给我的一点点感情的施舍，我欣然接受，更可怕的是，我居然兴高采烈。

写这段话时，我在哭。

写我哥哥去世和我童年多么悲惨那一章时，我没哭。但这个……这简直是在剥我的皮。我为那个不谙世事的小女孩难过极了。没有人帮她准备好迎接生活的残酷或教会她爱自己，因此，她不顾一切地想从别人那里得到爱，哪怕这份爱是畸形的。这一点令我伤心欲绝。我很难过她必须靠自己去经历痛苦然后才能成长，也很失望她花了这么久才明白这一点。

我花了一年才明白——一整年的"无论你想要什么、需要什么、在想什么都是对的"。这一年里，我想尽一切我能想到的办法，努力成为他想要的样子。关心他而不黏着他；打扮得漂漂亮亮的，又不能太过；有趣、聪明和冷静；和善地对待他的朋友，即使他们当我是垃圾。当他需要我时，我对他充满关心和体贴；如果他不主动给我打电话，我也绝不去打扰他。那年年底，他的公司把他调到另一个州去了。这样一来，我们本就脆弱的关系受到了很大的威胁，我也从还保留着所谓的技术层面的贞操变成彻底失去贞操了。这是我能想到的挽留他的最后也最好的办法了。

没有用。

调走两个月后,他大老远地飞回来跟我分手。

他想一刀两断,他说。他需要一个在新的城市里真正扎根的机会,他说。他很关心我,他说。这样是不会有结果的,他说。我们还可以做朋友,他说。

那个场景历历在目,尽管我不常想起那天的细节,因为它太让我伤心了。当时我的床上有一条亮粉色和橘色相间的宜家被子,坐在被子里,我哭了。这段回忆使我低下头,心里充满了痛苦。读这一章时,你也许会为这个男人对待我的方式而感到气愤,也许会为我把自己弄到这样的处境而气愤,但当时我什么也没发现。

我一点儿自尊也没有。

坐在那条羽绒被下,我没有为自己考虑。相反,我求他别离开我。

他还是离开了。

那天晚上,我哭着睡着了。

第二天早上，我开了两个小时的车回到家乡和家人一起过感恩节。那天，我很痛苦。你可以发挥一下想象力，我刚被男朋友甩了，却要被迫和一些好心的南方阿姨礼貌而得体地聊天。

耶稣在为我哭泣。

那天晚上，当我进入车里，准备开车回家时，我发现我有一条语音留言。不知怎的，我知道他那天会给我打电话——毕竟，这已经成为一种习惯。他会做一些让我伤心的事情，然后我会接受事实，默默地坐在电话旁，看他会不会打来要我再给他一次机会。

我一路忍着不听语音，直到两个小时后，我回到家了。我拨通了语音留言箱的号码，听留言的时候一动也没动。他只是打来问问我，他说，想知道我一切还好。

这是我生命中非常神圣的一刻。那一刻，我感到空前绝后地清醒。我站在好莱坞乱糟糟的公寓里，看见我们的关系如一张地图一样在我的面前徐徐展开。那个点代表着我们的第一次接吻。我看见了一条弯路，代表着我称呼他为男朋友后我们两个星期没有说话。我看见那天晚上，他当着我的面和工作中受欢迎的女孩们调情。然后是那天，我第一次听见他说："我们没有在一起，但我们又不是没有在一起。"我看见了这句话。我还看见他在一个没有邀请我去的酒吧里喝得烂醉以后,第一次给我打电话叫我过去。

一年来,我只看到了我们的关系中美好的一面,这是我第一次让自己看到事情的真相。

"你是谁?"我问空荡荡的卧室。

但这个问题问得不对。问题不在于我不认识自己,而在于我不认识我允许自己变成的这个样子。

说出来可能会让你惊讶,但那年发生的一切,我不怪他。虽然跟我相比,他已经是个成年人了,但他也有自己的包袱。他也有着年轻和不成熟的一面。人们是否会尊重你,就看你是否会容忍他们的行为,我们的关系从他第一次对我很差而我默默地接受了开始就注定是失败的。

我给他打过去,就像以前一样。但这次我异常冷静。我一点儿也不担心他会怎么想,也没有因为要跟他说话而兴奋不已。他接了电话,马上问了一连串问题——我感觉怎么样,我和家人过得是否愉快——就好像我们只是在寒暄的好朋友,就好像他前一天并没有让我伤心欲绝。

"嘿。"我打断了他。

他不说话了。我很愿意相信是我的语气让他停下来了,但也许只是因为我以前从未打断过他,所以这次他很吃惊。

我平静、不带任何夸张语气地告诉他:"我受够了。我受够你了。不要再给我打电话了。"

这句话不是为了吸引关注或玩欲擒故纵才说的,每个字都是我的真心话。

"为什么?"他哽咽了。

"因为我不应该被你这样对待,因为我不能反反复复没有进展,因为我不喜欢我变成这样……但主要是因为你说我们是朋友。一直以来,我们之间发生了那么多事,你却告诉我,我只是你的朋友。如果你就是这样对待你关心的人的,那我不想和你做朋友。"

我说的句句属实。我挂了电话,关掉手机。我刷了牙,穿上睡衣。然后我上床,躲在那条粉色的被子里睡了。几个月以来,我第一次没有哭着睡着,内心充满了平静。

谎言：好好爱他就够了

我被敲门声吵醒。

这是我们的爱情故事中美妙的部分。这一刻就好像一部电影或爱情小说。

我可以告诉你，我醒来后，发现我的丈夫就在大门的另一边。

这个曾经对我很糟糕的男人，这个曾经玩弄我的感情的男人，这个曾经犹豫不决的男人，在那个感恩节的晚上迷路了，在他父母家和我家之间的某个地方迷路了。我知道这似乎很戏剧化，但事实就是这样。在我的记忆里，我们之间的一切都发生在此前或此后：这一刻，我们的爱情故事重生了。

这是一个爱情故事。我们的爱情是我生命中最重要的礼物。戴夫是我最好的朋友、我第一个真正的守护者，我很荣幸可以看着他一步步地从一个幼稚的男人成长为一个好老公、好父亲和好朋友。

但并非所有故事都是完美的。

大多数爱情之路都是曲折的，我们的爱情也不例外。对我而言，重要的是，虽然我们一路走来并不容易，但经历了糟糕透顶的第一年以后，接下来十四年的美好绝对胜过我们犯的错误。对我来说，把这个故事说出来非常重要，因为这是我们俩的故事。我的丈夫勇敢而谦逊地支持我把这个故事昭告天下，希望它也许能给其他人一些启发。还有一点很重要——你们要理解，我认为，大多数情况下，事情并不会像我们的故事那样发展。

那天晚上，我打开门，发现戴夫在我的门前请求我再给他一次机会。这给了我一种很特别的感觉，因为这件事本来就很特别。在大多数情况下，更有可能发生的是，只要你容忍别人恶劣地对待你，他们就会一直这样做。如果你不能尊重自己，别人也不能。我甚至曾犹豫是否要告诉你故事的结尾，因为我不想任何人以此为借口，继续留在一段不健康的关系里，期望有一天它会自己变好。我们的故事有一个美好的结局，但如果我不主动走开，就不会发生后来的事。那天晚上，在我的卧室里，我突然醒悟，我不能再这样没有自尊地生活下去了，我不能跟一个不真正重视我的个人价值的伴侣在一起了。有时候，选择走开也许是你能做的最伟大的自爱举动，即使这意味着伤透你的心。

我还能告诉你什么呢？我能在这一章给你提供什么见解和智慧，或者我希望你从中学到什么呢？我希望如果你从我的故事里读到了自己的影子，它能为你举起一面镜子。我希望你能从自己的惯性思维里走出来，好好地看看事情的真相。我希望那些有过相似经历、在事情过去很久以后还在自责的人知道，你不是唯一这么做过的人。

很多女人都犯过错、做过让自己后悔的事或变成了自己不满意的样子。还有很多女人挺了过来，并因此变得更坚强了。每一天，你都在选择自己想成为什么样的人和有哪些特点，同时你也在为你生命中的各种关系设置标准。每一天都是一次重新开始的机会。

曾经（可能）帮助过我的绝招：

1.**一个好参谋**。当我走过这段时光时，我的身边没有什么可以为我出谋划策的密友或导师。我想，如果当时我能和一个比我聪明的人聊一聊，也许就能更早地发现我的恋爱关系多么不健康了。当你的身边只有自己的声音时，你可要当心了，因为恋爱中的人很容易判断有误。

2.**做好准备**。等我的孩子再大一点儿，我会把这个故事告诉他们。我知道这并不能帮助我们抬高自己在孩子心目中的形象，但我希望他们能从中吸取教训。如果当时我能不那么天真，如果当时我能更懂自尊，我就能及时发现我们关系的真实面貌了。

3. **换位思考**。如果你把自己的爱情故事告诉别人——包括好的方面和不好的方面——那么，是好的方面多呢，还是不好的方面多呢？如果一个朋友或陌生人听到我的故事，如果我详细地告诉他们那些伤害过我的事情，我很难想象他们不会想抓着我摇晃，直到我的牙齿嘎吱作响。想象一下有人跟你谈论你的恋爱关系。他们会觉得你的恋爱关系是健康的吗？如果答案是否定的，如果你甚至不得不去思考这个问题，那么请你认真地审视一下自己的恋爱关系。

第六章

谎言： 不行就是不行

每当我受邀做大会主讲嘉宾时，通常在某种程度上我都得选择自己要讲的内容，有时候是关于商业、生活或职业领域的某个专业技能，比如活动策划。但我的大多数演讲里都会有一个共同的话题——我相信自己真正擅长的话题——那就是"被否认"。真的，我曾被太多人以太多不同的方式否认，以至于有时候我感觉生活本身就是一个不断被否认的过程。我在被否认方面可是行家。或者，说得更具体一点儿，我在被否认后迅速振作起来继续朝目标奋斗这方面可是行家。

我想，如果我能让你读这本书有任何收获，那就是，只要你不接受，"不行"就不会是最后的答案。所以，请允许我用这一章——我希望——在你的屁股后面点一把火。我要你因此振奋到难以忍受。我要你因此在某个夜晚熬夜直到凌晨一点,把你所有的远大理想和宏伟目标都列出来。你了解我说的是哪些夜晚——你如此兴奋,大脑根本不能停止思考,你不得不吃一粒苯海拉明,才能强迫自己睡着。

是的!

我希望这一章能让你兴奋到那样的地步。我希望我的一部分兴奋能感染到你——当然,如果我能当面为你演讲,这会容易得多——我保证会告诉你不行是怎么回事以及它在我的生活中扮演的角色。

我花了好多年来等待一个能解释我和被否认的关系的机会……也许等了一辈子。

大概六年前,我荣登 *Inc.* 杂志三十岁以下优秀企业家三十强榜单。天哪!

这可是天大的荣誉(我的意思是,很明显啊,因为直到现在我还在夸夸其谈),但大多数人不知道,真正有意思的是,当你得到这样一个美名以后,你几乎立刻就可以一年挣几亿美元了。

开玩笑啦！

不，真实情况是，方圆一百英里内的所有大学立即开始给我打电话，问我是否能去给他们的学生做一场演讲。由于我搞清楚如何做演讲以后就一直没有停过，我当然接受了每个请求。每场演讲都时长一个小时左右，前三十分钟我谈论自己的事业和公司，后三十分钟是回答问题的互动时间。过了一段时间以后，我几乎总能算准我会在哪一分钟听到这个经典问题："嗨，蕾切尔，你好，"他们总是这样开头（因为显然现在我们都叫成年人的名字了，就好像我们是一群嬉皮士！），"你能告诉我们你成功的秘诀吗？比如，是什么让你真正比别人有优势？"

首先，上帝保佑我们的年轻人。上帝保佑这些乳臭未干的毛小子，他们居然相信到处奔波、拼命工作、流血流汗、承受压力、不断努力才得以建立一个公司的经历用一个答案就可以总结了。

但我还是试着回答了。

一开始，当我被问到这个问题时，我会回答得比较宽泛：勤奋、敬业、使自己变得无可取代，等等。但随着我越来越多地去学校，并意识到这将是我每次演讲都不可避免要回答的问题时，我就决定最好还是把真正的答案找出来。于是我开始问自己一些问题。

是什么带给了我这个绝妙的平台和这些粉丝？我是怎么得到出书合同和电视上镜机会的？为什么是我站在讲台上回答问题，而不是别人？

我想，很显然，要从我的家庭背景说起。

从耶鲁大学毕业以后，我又去哈佛商学院学习。之后，我开始在家族的石油企业里工作。后来，我担任了得克萨斯骑警队的合伙人，随后当了得州州长。之后——我的意思是，大多数人都知道我的父亲曾经是总统，所以，当我决定自己也要竞选总统时——等一下，不，那不是我。

那是乔治·W.布什。

不，在此提醒一下各位，我出生在一个叫维德派奇的地方。对当地人来说，这个名字一点儿也不可爱。事实上，这只是一个绰号，在很多地图上都有这个名字。重点是，家庭背景不是我成功的秘诀。

不过，说真的，搬到洛杉矶之后，我有了一些在娱乐圈颇具影响力的朋友。帕丽斯·希尔顿和我成了闺密。然后我开始和雷·J约会（还记得他吗？），这使我迅速进入了名人的圈子。我利用通过这段恋情得到的关注在娱乐电视台开启了自己的节目，然后带着各种各样的商品录制了几百万个节目。当坎耶向我求婚时……等一下，天哪，不。那是金·卡戴珊。

我成功的秘诀也不是名人身份。

言归正传，我的成功与早起、总是办公室里最勤奋的员工、主动寻求帮助、不畏失败、不断努力提升自我和改善个人品牌等因素有很大的关系。不过，很多人都这样做，却并没有如我这般取得成功。

你想知道原因吗？为什么我相信我现在可以写这本书，同时很多人做了和我一模一样的事，却还没成功呢？

其实答案很简单。

这和天分、技巧、金钱或背景都无关。

这是因为，当他们在追求梦想的过程中遇到挫折的时候，当他们被否定时，当有人或有事告诉他们"不行"的时候……他们相信了。

我之所以成功，是因为我拒绝把"不"当作答案。我之所以成功，是因为我从不曾相信别人可以控制我的梦想。这才是你的梦想的神奇之处：没有人可以告诉你它们应该是什么样子。

说到你的梦想，"不"不是最后的答案。"不"这个词不是你停止追求梦想的理由。相反，你应该把它当作前进道路上的弯路或一个让行标志。"不"意味着"小心地汇入前方的车流"。"不"提醒你减速慢行——重新判断你在哪里，思考你所在的位置能不能帮助你更好地驶向你的目的地。

换句话说，如果前门走不通，就试试侧窗。如果侧窗也锁上了，也许你可以从烟囱滑下去。"不"并不意味着你要停下来，它只意味着你应该改变路线，以便顺利到达目的地。

不过，我注意到，不是每个人都像我这样看待被否定。为了激励你勇敢地向前追逐梦想，我也许应该先改变你对失败的洞察力。我打算给你我能想到的一切来帮助你理解……我打算从这个问题开始：

如果生活并非如你所愿呢？

如果那些艰难的事，美好的事，充满爱、喜悦、希望、恐惧的事，奇怪的事，有趣的事，以及那些让你低落到躺在地板上边哭边想"我是怎么混到这个地步的"之事……

如果这一切都非你所愿呢？

如果这一切都如你所愿呢？

全都和你的洞察力有关，各位。

洞察力意味着我们不看事情的表面——我们通过事情看到自己。举个例子，想象一座失火的房子。对消防员来说，一座失火的房子意味着一份工作——也许甚至是他毕生的事业或使命。对纵火犯来说呢，一座失火的房子就是令人兴奋的好东西。如果这是你的房子呢？如果站在外面看着拥有的一切都化为灰烬的人是你的家人呢？这座失火的房子就完全变成别的事情了。

你看到的不是事情的表面，你通过自己的思考、感受和信念来看待事情。洞察力就是现实，而且我在这里告诉你，你的现实被你过去的经历歪曲了，你看到的其实不是事情的真实面貌。如果你的过去告诉你一切都是徒劳的，生活处处跟你作对，你永远不会成功，那么你有多大可能会继续为你想要的东西而奋斗呢？

或者，另一方面，如果你每次遭到反对时不再把"不行"当作结局，你就能改变自己的洞察力，从而彻底地改变你的整个人生。

你人生中的每个部分——你的感恩之心，你处理压力的方式，你对别人多和善，你有多幸福——都可以通过改变自己的洞察力来改变。我没有整本书的篇幅来讨论这个话题，所以今天，我只打算集中讨论你的梦想。让我们来讨论一下你的人生目标和你如何才能帮助自己实现它们。

为了做到这一点，你得说出自己的目标。你得大声地喊出自己的期待和梦想。你需要鼓起勇气站起来说："这个，现在这个，这是我的！"

在你接着读下去之前，请花几分钟来集中注意力在一个具体的梦想上。拿出一张纸，把它写下来。也许要写十分钟……也许可以从一些无伤大雅的小事开始，一直写，直到事实自己出现在你的眼前。来吧，女孩——没有人在看你，没有人会评判你。

提示：电梯开门音。

好的。你有梦想吗？

太好了！也许对你们有些人来说，这是你们第一次承认这是自己的梦想。但我可以打赌，你们中的大多数人早就见过这个梦想了，但是你们从来没有勇气把它写在纸上。

你好，老朋友。

也许它从童年起就出现了……也许它是你目前正在从事的某件事……也许你曾经为之奋斗，但后来放弃了。不管怎样，如果这还是你的梦想，那么很可能你遭到过与此梦想相关的某种意义上的拒绝。所以，我的首要任务就是改变你对"不行"这个词的看法——赶走你对它的恐惧。恐惧正在操纵你的选择，影响你的决定，所以，让我们赶走恐惧吧。我知道的最佳方式就是谈一谈它。

《圣经》里说，让黑暗中的一切回到光明。当我们允许事情存在于黑暗中时，当我们不敢大声地谈论它们时，我们就赋予了它们力量。黑暗让这些恐惧溃烂并长大，直到它们随着时间变得越来越强大。如果你从不让你的恐惧释放出来，那么你究竟如何才能分解它们呢？

在你看来，为什么这本书的每一章都以一个我曾经相信的谎言开始呢？因为我想鼓励你把自己曾经相信的谎言大声地说给全世界听。问题是，我们很少能意识到它们是谎言，直到有人把它们指出来或我们克服它们。在我们叫出它们的名字之前，它们就伪装成我们害怕的东西。想一想。

所以，让我们拿走恐惧。让我们一起来捋一遍人们放弃梦想的一些原因。问问你自己，这些例子里有一些听上去是不是你自己的情况。

有些人放弃，是因为有个权威的声音告诉他们要放弃。权威的声音可以指各种各样的东西……也许你的第一个上司说你不适合你的理想工作，你就信了。也许你的父亲或母亲出于爱、恐惧、谨慎或他们自己的原因，让你不要尝试。也许你的配偶、伴侣或最好的朋友害怕你们的关系会受影响，于是想让你继续待在原地。也许那个权威的声音说你不"适合"。有人说你太胖了，不能参加马拉松训练，或者你太年轻了，还不能开始自己的事业。他们说你太老了，不能参加舞蹈课。他们说你是个女人，不能独自旅行。

也许这个权威的声音来自你自己。也许你脑海中的消极自我对话一直在你的整个人生里循环播放。

也许整个行业的专家都在说你不对。

谎言：不行就是不行

自从知道书是由真人创作而成的，我就一直梦想当一名作家。和大多数梦想成为作家的人一样，我大约起草过七十三份手稿，却没有一份真正完成。然后，几年前，我决定不再放弃……"就这一次，"我想，"就这一次，我想知道完成以后会是什么样子。"

所以，我开始写我的那本当历史科幻遇到时空旅行的书（我的意思是，为何不利用周末的时间写呢？）。很意外地，一个文学经纪人联系我了。（好吧，这样跟你们说吧，我觉得也不是很意外。那时，我是一个很受欢迎的博主，拥有很多粉丝。作为一个明星派对策划人，我也有很高的曝光率。）

这个文学经纪人问我是否考虑过写一本书。当然，我马上就滔滔不绝地给她描绘我的那本时空旅行历史浪漫小说——如果你想知道，我可以告诉你，这基本上是每个文学经纪人在与一个寂寂无名、初出茅庐的作家打交道时最大的噩梦。于是这个女人，上帝保佑她，读了二十页关于一辆大型垃圾装甲车着火的描写。一个星期以后，她很有礼貌地回复我，这其实不是她的风格。她联系我的真正目的是想知道我是否想要写一本关于派对策划的非虚构散文书。不过，既然我明显对小说感兴趣，她想知道我是否愿意写一本影射小说。我从来没有听说过这个术语，但在网上搜索了一下，我便知道了，原来这是关于真实的名人的小说。你可以把名字改掉，这样就不会遭到起诉了。一个很好的例子是《穿普拉达的女王》。经纪人的问题是，在成功地承办了多年明星派对以后，我是否有一些精彩、有趣的故事可以分享。

天哪，我怎么会没有？！

一挂掉电话，我就知道要写什么故事了。我知道这个故事，因为这是我自己的故事。我十几岁时就从一个南方小镇搬到了洛杉矶。当我还不到喝酒的法定年龄时，我就在为地球上的一线明星操办派对。我就像一条离水之鱼，处处感到棘手，但我还是在这个领域开创了一番事业。我甚至不需要素材，我有这么多年的精彩故事，根本不用编造。

我写了十页，然后立刻发给她了。

两天后，她给我回邮件说："我可以一天到晚卖它！"

一个文学经纪人，一个现实生活中正规的文学经纪人告诉我，如果我愿意写完，她可以卖我的书。我几乎喜极而泣。

我变得着迷起来。在我像个疯子一样没日没夜地创作的那段日子里，直到完成第一稿，我都很少见到我的丈夫和孩子。我不断地告诉自己，我还没有出书合同的唯一原因就是我从来没有真正地写完过一份手稿……所以我相信，注定会有这本书。我穷尽每个细节，不断想象把出版的书拿在手上会是怎样的感觉。

我终于写完了，文学经纪人把我的稿子发给了纽约的所有出版商。我们一开始收到的回复都很友善和鼓励人心。编辑们写很长的邮件回复我，解释为什么这不是他们想要的风格，但是他们又告诉我很喜欢我的稿子。当有三个出版商要我的联系电话以便深入探讨时，我才开始相信我们要卖书了。

打第一个电话的时候，我觉得我紧张得都快尿裤子了。

我们在电话里交谈起来。出版团队告诉我，他们很喜欢我、我的网络形象、我的写作风格，等等。他们称赞这本书很有趣、很可爱……据我所知，都是些好词。

"我们担心的是，"编辑说道，"它太甜美了。"

我完全不懂这句话的意思，但由于这是我的第一本书，我向他们保证，他们担心的任何问题我都可以修改。

"我们希望你可以接受一些改变。"

"当然！"我让他们放心。只要能卖我的第一本书，我甚至愿意接受献祭仪式。

"那么，你愿意加一些猛料吗？"

各位，我完全不知道她在说什么。我的脑海里浮现出一个冒着蒸汽的下水井盖的形象。

"你们到底有什么想法呢？"我没有正面回答。

"性爱描写。这本书需要一些性爱描写，蕾切尔。没有哪个住在洛杉矶的二十几岁的女孩还是处女。没人会相信这个爱情故事。不过，如果你往里面加一些香艳的情节，这就可能成为畅销书。"

我在努力回想，在我的职业生涯里是否有比这更不安的时候。

为了让你们了解背景，有必要在这里说一下，当时正是《五十度灰》打破销售纪录的时候，所以，其实她说得也没错。出版行业和其他所有行业一样喜欢赶潮流，每个编辑都超级想充分挖掘粉丝群体。

我完全不知道该如何回答他们。各位，我不是圣人。我读过有性爱描写的书（别告诉我外婆），但我从来没想过有人会让我来写。还有，我喜欢我书里的女主人公又天真又单纯——我以为，正是这些特点才使她与众不同。他们越是想要说服我往书里添加猛料，我越觉得自己仿佛一个放学后被围在角落进行特殊关照的中学女生，就像："嗨，蕾切尔，把这个可卡因吸了，我们就跟你做朋友。"

我礼貌地拒绝了。

"我们完全理解，"他们告诉我，"但没有那个元素的话，这本书对图书市场来说就太甜美了。没人会买的。"

我伤心极了。

另外两个出版商的电话交谈也是一样的。

然后，一个接一个地，我们的清单上的每个出版商都拒绝出版我的书稿。在一个星期五的下午，最后一个出版商也沟通无果。我记得我把自己锁在卫生间里哭了。各位，我流下的可不是温柔美丽的眼泪，而是"我的梦想完蛋了、所有人都讨厌我的书、我是个糟糕的作家"之类的痛苦不堪的眼泪。

> 醒醒吧，**女孩**

我无法告诉你我在卫生间的地板上坐了多久，但我能告诉你的是，我最终还是振作起来了。我擦干眼泪，走进厨房给自己倒了一杯红酒。随后，我坐在电脑前，我那本没人要的过于规矩的书稿就是在这里完成的。我在网上搜索：如何自助出版一本书？

二〇一四年二月，我自助出版了《派对女孩》这本书。它讲的是一个天真、甜美——是的，二十多岁还是贞洁处女的派对策划人住在洛杉矶的故事。

第一个周末，我想，大概卖了五十本吧——很可能其中四十五本都是戴夫买的。不过，随后，每周我都能这儿卖几本、那儿卖几本。销售量持续上升，人们开始把它推荐给自己的朋友。事实证明，女主角的甜美、可爱正是人们喜欢这本书的原因。六个月过去了，一个出版商打来电话，问能否买我这本书的版权，还主动给我提供了两本书的出书合同，加上这本书刚好组成一个系列。

到目前为止，这本书，这本被告知没人会买的书，已经卖了超过十万本了。它也开启了我的写作生涯。

下面是整个故事最重要的部分。你在认真看吗？

如果我听了专家的话,那么,这本书可能直到今天仍然只存在于我的电脑里。

没人——不管是权威人士、你的母亲还是该领域最权威的专家——可以告诉你,你的梦想应该多大。他们可以说他们的……但你可以决定自己是否愿意听。

另一个人们总是放弃梦想的原因就是,实现梦想太难或太耗时了。

追求目标和梦想的过程确实很艰难。我知道。事实上,完成它们比你想象的要难得多。也许你在进步,但每次只是一点点——与此同时,你的朋友塔米已经两次被晋升,你的姐妹已经结婚并有两个孩子了。这种感觉就好像每个人都在超越你,而你还在起点原地踏步。有时候,你感觉沮丧得都想哭了。

那就哭吧。

脱下你的衣服,仰面大哭吧,就像《圣经》里的某个忏悔者一样,全都发泄出来。然后,擦干眼泪,洗把脸,继续努力。你觉得这很难吗?这是因为它确实很难。那又怎样?没人说过很容易。

你累了？你的人生中曾有多少次觉得很累，但你还是设法坚持下来了？读到这里的读者朋友们，你们中有多少人因为追求梦想太累而已经放弃了？你们中有多少人经历过分娩呢？即使你没有这方面的经历，我也知道你会理解其中的辛苦。不管你是如何把一个孩子带到这个世界上的（哪怕是领养），这都让人精疲力竭，无论是情绪上还是体力上。但你还是挺过来了。你挖掘出了自己前所未有的力量，因为这是一个生死攸关的过程。

别告诉我你不想生活中有更多的精彩。别告诉我因为很难，所以你不得不放弃。这也是生死攸关的大事。你要么选择继续努力，然后过上自己梦想中的生活，要么选择放弃，然后坐等自己本来可以成为的那个人死去。当我放弃一个梦想时——哪怕只是一小会儿——我的感受就好像我在守灵，就好像我正坐在一个房间里，眼睁睁地看着事情发生。我相信你们很多人都知道这是什么感受，你要么去改变它，要么从一开始就避免自己沦落到这个地步。

你得做点儿什么。你得问问自己的内心，并牢记你开始这样做的原因。你最好找到继续奋斗的决心，因为如果你找不到，我向你保证，其他人会找到。如果这样的事发生了，女孩，别人就会实现你的梦想，并享受通过艰苦奋斗得到的战利品，而你只能看着。如果这样的事发生了，你会明白人生中最重要的一个教训：

谎言：不行就是不行

唯一比放弃更糟糕的是后悔自己放弃了。

你觉得追寻自己的梦想太耗时？朱莉亚·查尔德花了十年才写完《掌握法国菜的烹饪艺术》这本书。她的作品改变了全世界的人的烹饪方式，也开启了她的职业生涯。詹姆斯·卡梅隆花了十五年时间打造《阿凡达》，后来它成为史上最成功的电影之一。

一八七〇年一月三日，人们开始为建造布鲁克林大桥打地基。这项工程花了十年才完成，在此期间，建造大桥的很多人为此付出了生命的代价。但是，各位，布鲁克林大桥如今仍然作为纽约的象征之一矗立于世。一百三十五年以后，它每年运送约四千三百万辆车往返于曼哈顿。

你还没明白吗？能永存下来的东西都不是一朝一夕就可以完成的。一个人的所有故事不是只基于某个瞬间，而是全部经历的集合。如果你很幸运，你的故事就可以用一生来打造。

从活动策划公司到我目前经营的媒体事业，我努力了十三年才达到今天的成绩——这些年我全都没有浪费。我需要十三年时间来获得足够的知识，就这个话题给你写这些话。我需要十三年给大学生、MOPS网络社区做演讲和专题讨论会的经验来培养足够的技能，才能做那个在这一章开头用来激励大家的主题演讲。我需要一遍遍地失败和犯错，才能学会如何做公众演讲。我需要写很多我从未完成的蹩脚手稿和一部没人想买的书。我需要努力挤进出版业，花多年时间来让大家认识我，才有人给我机会来写这样一本书。

我需要忍受个人的困难、打击以及一个接一个的失败，这样我才能站在这里对你说："你的梦想值得你为之奋斗。虽然你不能掌控生活中发生的事情，但你可以掌控自己，让自己继续奋斗。"

人们放弃梦想的最后一个原因是什么？

有些创伤阻碍了你。灾难是终极借口。你可能遭遇了离婚、疾病或更糟糕的事情。有时候，你的目标悄悄溜进创伤里，然后被遗忘了。我们之所以遗忘它们，是因为这个创伤是如此沉重，以至于我们不能再多带一件东西前行。有时候，人们的确会受到精神创伤。诚实地说，如果受了伤，我们的心里就有一部分会感到喜悦，想着："好吧，这下没有人可以对我有所期待了，因为我还没倒下已经是一个奇迹了。"

让我花几分钟来告诉正在处理伤痛或与伤痛做斗争的那些人：你坐在这里的确是一个奇迹，你在尽力顽强地渡过这个难关；由于你正在经受的苦难，你是一个勇敢的战士，但请不要因为太痛苦，就浪费你从中获得的力量。

那些都是值得分享给别人的最重要的故事。

你可以用这些力量为后来者铺一条路。我在这本书里分享了很多关于自己的痛苦的故事，没有哪个故事能轻易启齿。但我还是说出来了，因为我希望能通过分享这些故事来帮助经历过类似事情的人。我也谈了很多自己的目标、梦想以及促使自己完成目标的方法。在我的人生中，这些梦想全都有一定的用处。有时候是一个微小的改变，有时候是一个重大的改变，但不管是在什么情况下，我都因经历这些改变而获得了成长。朋友们，重要的不是你的目标和梦想，重要的是在追求目标的过程中你变成了什么人。

当一个权威人士说这太耗时；你太"肥胖、年老、疲惫"，或你是个柔弱的女性；你的创伤太沉重时……你知道他正在给你什么吗？

放弃许可证。

你已经很害怕了，你已经对自己充满怀疑了。当有人出现或有事发生，恰好印证了你早就在质疑的"那件事情"时，你会想："是的，我就是这样想的。我放弃。"

再回头看看你在这一章的开头写在纸上的那些梦想。现在听我说：

你没有放弃许可证！

我撤回那张许可证！我拿走那些人或环境在你的生活中的力量，并把这份力量归还于你。

你觉得并没有这么简单吗？当然就是这么简单。这都是洞察力的作用，对吗？你已经清楚是什么在阻碍你前进了，你发现这些阻碍很强大、糟糕和令人恐惧，但只有在你相信它们的时候，这些阻碍才是真的。

现在，决定权在你的手里。从现在开始发生的每件事都完全由你决定。这是一个艰难的过程，因为现在我要告诉你：没有人会像你一样这么在乎你的梦想。没有人。

你听见我的话了吗，我的姐妹？

不管你想减肥、写书、上电视还是做巡回演讲，你都是自己的梦想的掌控者！也许你想要拥有一个属于自己的家、拿到学位或挽救你的婚姻。也许你的梦想是易集网上的一个店铺，做一个小生意，或领衔主演新一季的本土电视节目《俄克拉荷马》。无论你的梦想是什么，无论大小，无论宏伟还是简单，都没有人会像你一样在乎它！

即使你有一个毫无保留支持你的家庭，即使你有活跃在你身边的最棒的朋友，即使你的配偶是地球上最令人振奋、最鼓舞人心的人和你的头号粉丝……即使那样，女孩，他们也没有你这么想实现你的梦想。

它不会让他们在夜里失眠，也不会为他们的灵魂点一团火。

它是你的梦想，是你自己的特别的愿望，早在你意识到之前就已经是心之所向。你想看到它开花结果吗？那么，你就得明白，没有人可以从你身边拿走它，最终也没有人能帮你实现它。没有人。

你得自己下决心去追求你最疯狂的梦想，无论它们是什么，无论它们朴素还是奢侈，无论它们在别人看来多么可笑或简单……没关系。它们是你的梦想，你可以去追寻它们——不是因为你比别人更特别、更有天分或更有人脉，而是因为你值得梦想一些更好的东西。

你值得不让你的过去决定你的未来。

从今天开始吧。从现在开始，从这一秒开始，向自己承诺——嗨，答应我——你会追求更美好的东西。

你想要生活中出现更多更美好的东西吗？

你不可能仅凭点头说"是的"就取得成功。说"是的"很简单。当你听到"不"也不放弃的时候，你才会成功。

曾对我有所帮助的妙招：

1. **无畏**。忽视其他人——哪怕是专家——告诉你的话挺需要无畏的精神的。我觉得我们在这方面都需要一点儿无畏的精神。我不是说你需要变得很好斗或没礼貌，我是说，你应该不顾一切，紧盯着自己的目标。

2. **其他途径**。我担心我提出这个建议后，某个听到要永不放弃梦想这个观点的人会以为我在说："去骚扰相关人士，直到他们满足你的心愿。"这可不会让任何人得逞，我们都知道这一点。把你听到的否定答案当作一个启示——或许你应该试试别的途径。

3.把你的目标放在显而易见的地方。当你为一个新项目而极度兴奋或激动时,很容易集中注意力在你的目标上;但当生活干扰了你继续努力的直接通道时,集中注意力就会变得很困难。所以,请把你的梦想放在你可以看见的地方。我很喜欢在我的衣柜门里摆放一些视觉资料,来提醒我每天的目标是什么。目前,我的门上贴的是《福布斯》杂志的封面,上面有白手起家的女性总裁的照片;一张展示着夏威夷的一栋度假屋的照片;一张碧昂丝的照片,当然了。

第七章

谎言： 我在性爱方面很糟糕

我以前在性爱方面真的很糟糕。

噢，不！

你以为我不会谈这方面的话题，但我确实在谈。作为一个已婚的基督教妇女，我打算谈一谈性爱，我希望没关系。

我的丈夫？他现在很可能正躲在一块石头下面，因为这绝对是他最大的噩梦。

我最大的噩梦是被大脚怪追赶，所以，我猜我们难免都要承

谎言：我在性爱方面很糟糕

受一些苦难，戴夫。

其实戴夫完全不必担心。我写的不是他，我写的是我自己……和我糟糕的性爱历程。我之所以选择冒着吓坏我公婆和让我外婆心脏病发作的风险来写这个重大、可怕和令人尴尬的话题，是因为我认为它很重要。我觉得女人在这方面谈得不够。

噢，当然，全世界都在谈论性爱，谈了很多，很大声，也很频繁……但这些谈论都不是很现实，完全不能让一个毫无这方面经验的处女理解。当这样的女孩遇见她的丈夫时，她这方面的经验就和在非洲大草原上狩猎的经验一样多。意思是完全没有。完全为零。

总的来说，我早期的性教育主要来自教堂里的女性（她们谈论的时候可没有让我听到）和媒体，这为我树立了一个很难去实现的理想。所以，我进入婚姻生活的时候，完全不知道会发生什么。这真是太荒谬了！我多么希望，在我的婚前，哪怕只有那么一次，有人曾告诉我："听着，这是我的经验。你需要知道这些，你应该考虑这些。还有，头几次做爱以后，你应该去小便，这样你就不会得尿道炎了！"

看到这里，一位来自得克萨斯州的年长读者估计晕过去了。

是的，我刚刚写的是尿道炎。如果这把你吓坏了，那就请你跳到下一章去吧，我的好姐妹，因为接下来我要写的更加私密。

我对性爱所知甚少，仅限于从电视上和电影里收集到的零星的知识……因此，我在这方面很糟糕，不是因为动作笨拙而糟糕（尽管我毫无疑问就是这样），而是因为我很痛苦，也让我的丈夫很痛苦。结婚五年以后，我们几乎没有性生活了。相比之下，我们今年要庆祝我们的第十四个结婚纪念日，而现在，我们的性生活充满了传奇色彩！

不，我是认真的。我们的性生活比任何一对你认识的夫妻都要多——至少多过大多数有着四个孩子和两份全职工作的夫妻。我们做爱不是出于义务，而是因为它实在太美妙了。当性爱很美妙时，为什么不一有时间就像一对吼猴那样说做就做呢？

如今，我们的性生活非常美妙。但一路走来，我们花了很长时间才到达今天这样和谐的地步。我打算毫无保留地告诉你，以防万一你处于跟我以前同样的境地……也因为我不想你得尿道炎。听好了。

遇见戴夫的时候，我十九岁，他二十七岁。我以前从来没有和男人约过会，他也不知道我比他小很多。正如我前面告诉你的，

谎言：我在性爱方面很糟糕

几个月以后，真相大白时，我们的关系急剧下降，就像一只肥猫从后院的围栏上摔下来一样惨不忍睹。这一摔既不优雅，又太过强烈，但我们还是化险为夷了。

从我们在一起的第一年开始，戴夫就是我最好的朋友。他是我在这个世界上最喜欢的人，我太爱他了，这份强烈的爱使我的心都要爆炸了。当我们结婚时，我们度过了一段我能想到的最快乐的时光。我们像兔子一样疯狂做爱，因为作为新婚夫妻就应该这样，不是吗？

我们一天能做几次？

一个小时又能做几次？

我可以在雨中，在黑暗中，在火车上，在车里，在树上……

你懂的。总之，我们经常做爱。

我很喜欢这样。

我喜欢，因为和他肌肤相亲让我有一种被珍惜和疼爱的感觉。我喜欢，因为这让他很快乐，让我们都很快乐。我们是新婚夫妻，

- 99 -

我们疯狂做爱，生活一片美好。

但几年过去后，我们之间的新鲜感没有了，蜜月期的喜悦也随之飘散了。起初，性兴奋使我很大胆。但是，随着时间的流逝，我感觉没有以前那么舒服了，就像一个开关突然被关掉了。我从小就被教育要做一个基督教好女孩，现在要我做一只性感小猫，我不知道该怎么做。

于是我开始喝酒。

我们出去约会时，我会喝很多酒来让自己感到性感。然后我会做一些性感的事或表现得很性感，但我很少像他那样享受。我会假装很享受吗？见鬼，是的！在这种情况下你就应该这样做，对吗？没多久，我开始怨恨。其实我一点儿也不享受。虽然我觉得我应该做爱，但我实际上一点儿也不兴奋。

然后我有了孩子，我的身材走样了，有小肚子了，乳房溢奶了，我也筋疲力尽了。做爱基本上是我能想到的最不愉快的事了。但我还是继续做爱，继续假装我享受整个过程。我一次也没有跟戴夫说过我的真实感受——我太难为情、太没有把握了。我也很怕会伤害他的感情，所以我全都憋在心里。又过了一段时间，我们的性生活逐渐变得名存实亡。等我们的第二个儿子开始蹒跚学步时，我们几乎没有性生活了。当我从如何做两个孩子的母亲这个困境中走出来，思考了很久以后终于问起戴夫这件事时，我听到的回答真是让我一时难以承受。

"我们为什么不再做爱了？"一天晚上，我问他。

他看着我，表情就像这个问题严重地伤害了他的感情一样。

"我厌倦了总是被你拒绝。"

我立刻充满戒备。"我没有拒绝你啊。我明明总是同意。"

"也许你同意了，蕾切尔，但你不是真的想要，这比不做还要糟糕。"

一开始，我很生气。我可是牺牲了自己来满足他，他倒好，居然因为我没有更热情主动而反过来成了受伤的那个人。但我越想就越理解他了，其实他说得没错。也许我同意做爱了，但我浑身僵硬，难受不安，又疲倦又冷淡。同意不代表我热切欢迎。我的丈夫能看出来我一点儿也不享受，所以，与其让我不情不愿地参与，还不如干脆不问了。好丢人啊。

他们说，要解决问题，首先要承认自己有问题。

现在，我知道你们很多人非常了解自己的女性魅力。你们已经掌握了性爱的秘诀，好样的，女孩！说实在的，你是我的榜样！那么，接下来的建议很可能对你没用。对你来说，我要说的这些话听起来都是一些老掉牙的基本知识，甚至有一点儿天真。没关系，这些曾经对我有用，我之所以分享给大家，是为了帮助那些和我（或以前的我）一样的人。

下面就是我在从性爱菜鸟到性爱大师的道路上采取的一些措施。一共有七个步骤……一周七天，每天一个。

曾对我有所帮助的妙招：

1. **我重新定义了心目中的性爱**。长久以来，性爱代表了很多东西——并非所有意义都是积极的。我决定改变性爱在我心目中的意义……也许这不同于你、你的朋友、圣灵或所有圣人心目中的意义，但我认为，性爱应该是一次充满乐趣的体验，它应该总是能比其他事情吸引我。在此之前，我总是把做爱和其他事情进行比较（看书、看电视等），而在这个比较过程中，性爱总是唱配角。但如果我提醒自己，性爱一直是一个很棒的选择，想必我就会选择它。

2. 我发现性爱体验可以惊天动地。当你感觉不自在、不兴奋、紧张、放不开或有其他什么情况时，你不会享受性爱。如果你不享受，你就不会获得美好的性爱体验。于是，我问自己：我如何才能更享受呢？是什么阻碍了我？答案是什么？是我自己。接着，我把自己想的和感受到的一切都告诉了戴夫。让我震惊的是，我们在一起这么多年以后，谈到这些，我还是如此难为情。但我终究告诉他了。我们需要达成共识，唯一的办法就是开诚布公地和他好好谈谈。

3. 我仔细地研读了《希伯来书》13：4这个部分。我的困惑有一部分与这一点有关：我是一个基督教好女孩，我不能接受自己在床上尽享鱼水之欢。然后，我仔细地读了《希伯来书》13：4这个部分："让婚姻神圣举行，让婚床圣洁无瑕。"现在，坦率地说，我肯定是读错了。我确信某个神学研究人员会告诉我，这其实是别的意思。但我从这句话中读或理解到的是，我和我丈夫在床上做的那些事一点儿也不诡异、糟糕或邪恶。退一步说，肯定有一些已婚夫妻，虽然承诺遵循一夫一妻制，但还是会在性爱方面做一些伤害彼此的事。比如，色情作品无论对消费者还是对被用来满足你的性欲的人来说都十分有害。但是，其他东西呢？性感内衣、皮革、情趣玩具、角色扮演，尝试每种可能的性爱姿势，在厨房的桌子上即兴欢爱一场，说下流话……只要能挑起你的性欲，又对你无害，那就不要排斥！

4. 我欣然接受我的身体。如果你对自己的身体不自信，这将会严重影响你享受性爱。以前我总是担心我的肚子是否紧实或我的臀部线条是否好看。你知道当我脱下衣服的时候戴夫在想什么吗？胸部！在这种情况下，你的伴侣看见你就已经兴奋不已了，你担心的那些事情对你们享受性爱一点儿帮助也没有。为了解决这个问题，我开始练习积极的自我对话，比如我的臀部看上去多棒，或我看上去多性感。我练习了很久，后来便开始相信了。

5. **我下决心要达到高潮**。好吧，仅仅是写下这句话就够让我脸红了。我可以想象，在未来的某个签售会上，一个读者来到我的桌前对我说："那么……你下决心要达到高潮。"但这很重要，尽管这会让我很尴尬，我还是希望你知道这一点。我们第一次做爱那天，高潮对我来说就像蛋糕上的糖霜一样——锦上添花。但事情是这样的，女士们，高潮不是蛋糕上的糖霜。高潮就是蛋糕！第二次高潮才是蛋糕上的糖霜！还记得我曾说过我必须弄清楚如何让性爱变成最棒的事情吗？还记得我曾告诉过你，我想比期待世上其他任何事情都期待性爱吗？你知道该怎样做吗？那就是高潮！几年前我就下定决心，我将永远——我是说永远——不会接受没有高潮的性爱。当我告诉戴夫这个决定时，他同意了，说这是我有史以来最棒的主意。因为事情是这样的：对大多数人来说，我们的伴侣会因为能让我们愉悦而感动、兴奋；如果我们俩从一开始就都希望我达到高潮，高潮就真的会发生。

6. 我得弄清楚什么能挑起我的性欲。噢，是的，我一生中多次被挑起性欲，但我从未认真思考过哪些对我真的有用，哪些只是一时的。知道什么能挑起性欲很重要，因为，要记住，高潮是我们的全新、终极的目标。如果没有性欲，我不知道能如何达到高潮。于是我们不断尝试，直到我对自己和自己的身体越来越了解。（可以翻回"圣洁无瑕的婚床"那一段去找一些点子。）

7. 我们决定连续一个月每天都做爱。几年前，我和戴夫决定改变我们的性生活。一开始，我们就想出了一个主意，我们给它起名叫"性感九月"。我们发誓在九月里每天都做爱——不接受任何反对理由。一开始，这个主意挺让人望而生畏的，尤其我们都有全职工作，还有两个小孩子。但结果太不可思议了！它给了我一次毫无压力地实验和尝试的机会。另外，让我惊讶的是，多次做爱让我们想要……做更多的爱。我强烈地鼓励你选一个属于自己的性爱探索月来尝试一下！

第八章

谎言：我不知道如何做母亲

我是你一生中见过的最糟糕的孕妇。不，我是说真的。我基本上讨厌孕期的一切，除了最后得到的宝宝。

我有一些很享受怀孕的朋友，她们是那种——大写的"爱"——希望自己能怀一百个宝宝，而且永远怀着孕的人。我完全支持她们充满母爱的天生的使命感和当她们发现自己孕育着一个新生命时溢于言表的喜悦之情。

但我自己体会不来。

我很感恩我能怀孕——发自内心地感恩上帝赐予了我孕育三个漂亮的小男孩的能力。我并不认为这是理所当然的，因为我知道，有很多女性朋友在祈祷同样的福祉，却还未得到。

但孕期的每个环节对我来说都太艰难了。

晨吐一次也没有在早晨过后悄然结束，甚至三个月以后还在持续。我孕期长胖了很多，就像长胖是我的兼职工作一样，然后又感觉根本没办法减下去。我的背痛，脚也痛。在我的第一个孕期，我在一个最不可能得静脉曲张的可怕部位得了静脉曲张——这意味着我不得不穿特殊的"承重"内衣来度过每个接踵而至的孕期。旁注：如果你想知道摧毁一个女孩精神的最简易的方法，我推荐你在网上搜索"腹股沟支撑内裤"。

但我离题了。

重点是，我的孕期过得很糟糕。除了前面提到的那些事情，我还要面对永无止境的恐惧。

如果我吃大腊肠感染了李斯特菌怎么办？

如果自我上次做超声波以来，我蝴蝶般大小的胎儿得了某种罕见的疾病怎么办？

如果我吃的卡乐星鸡肉条让宝宝的胆固醇很高怎么办？

如果宝宝脐带绕颈怎么办？

如果我粉刷婴儿房的时候通风不够怎么办？

如果前置胎盘没有清理干净怎么办？

如果我怀孕两周时（那时我并不知道自己已经有孕在身）喝的伏特加红牛对宝宝造成了伤害怎么办？

不过，说真的，如果宝宝真的脐带绕颈怎么办？？

这些担忧有着压倒一切的气势，我不得不像一只老猎犬维护自己的尊严那样来处理它们。也就是说，我会朝身边每个离我太近的人一顿大吼大叫，我还需要一只特殊的踏凳来帮助我上下床。

当最神圣的时刻终于来临时，我欣喜若狂。首先，我终于可以见到杰克逊·凯奇了——一个我们多年前就幻想拥有并在一次越野公路旅行中为之命名的孩子。其次，我的身体终于可以重新属于我自己了。我很开心终于完成分娩了，我真诚地以为这是做母亲最艰难的部分。

但是，当我们带着散发着无上荣光的杰克逊回家时，我发现自己完全没有做好当新妈妈的准备。我着迷般地爱着他，但同时我也很害怕他。当他还在我的肚子里时，我流过不少眼泪。可现在，我的泪水突然成一亿倍增长。我夜里几乎不睡觉，因为我总觉得，如果我不在旁边看着他，他会突然停止呼吸。母乳喂养对我来说异常艰难和充满痛苦，我的奶水永远都不够喂养我和戴夫创造的这个庞然大物。我们不得不加入配方奶，不得不学会如何处理他吐奶，不得不在他七周大发高烧时半夜带他去挂急诊——这一切都是在要人命的严重缺乏睡眠的情况下发生的。我的丈夫一直以来都是我最好的朋友和我在这个世上最爱的人，但我记得有一次，当杰克逊大约一个半月大时，我看着戴夫，由衷地感到我恨他，就好像，发自灵魂深处地恨他。

我喜欢给年轻的已婚夫妇讲我恨戴夫的那段时间。我喜欢给他们讲，因为我想让他们知道，这种感觉太正常不过了，而且他们可能会发现自己时不时就有这种想法。那时杰克逊大约六周大——顺便说一下，朋友们，孩子这么大的时候最容易让母亲滋生发自内心的纯粹的仇恨了——他夜里仍然会醒来。

有必要在这里强调一下"仍然"这个词，因为当时年轻、天真、孩子气的我认为，孩子满月以后，我们就应该回到正常的生活，开始享受为人父母的天伦之乐了。

保佑我那颗矫情而幼稚的心。

初为人父母真的是一个假象。前两周你还沉浸在喜悦中，是的，日子是很艰难，但总会有人带着砂锅菜来看你，你的妈妈也在你身边帮忙照料。你身边有一个如此完美的小天使，你如此爱他，以至于都想咬他胖乎乎的脸颊一口。接着，几个星期过去了，你进入了一种僵尸模式。你的乳房开始溢奶，你经常一个星期不洗澡。另外，你的发型也是史无前例地糟糕。但无所谓了，你就快挺过来了。

但到了第六周，事情开始失控了。

你会想："为什么我如此筋疲力尽呢？

"为什么我看上去还像怀有五个月身孕呢？

"为什么我所有的时间都在喂奶呢？

"还有，是哪个浑蛋发明了密集喂养？我想朝他愚蠢的脸狠狠地打上一拳！"

第六周，我因为在照顾孩子方面付出了很多而感到有点儿，嗯，沮丧。换句话说，我没感觉到戴夫帮了什么忙，大部分时候都一个人扛所有事情的重任快让我喘不过气来了。然而，我什么也没对他说。我把这些情绪严密地封存起来，然后深埋在别人看不到的地方。每个人都知道这是处理问题的"最佳方式"，对吗？然后，有一天，我们在聊天，他突然冒出一句让我震惊不已的话。

"我好累。"

这就是他当时说的话。

他居然说出这样的话。

我的世界开始旋转，我的眼睛也瞪得比平时大了八倍，但他没注意到这些。他只顾着说："我今天早上起得太早了，都快累趴了……"还有一些不经大脑的话。

你知道电视节目《女性杀手》(*Snapped*)吗？

这是一个纪录片风格的系列节目，主要讲的是真实生活中的女人突然发飙，想要干掉路上某个人的犯罪案件。

那就是我。

我突然变成了女巫。我又哭,我又笑,我还想知道,如果我用吸奶器上的塑料管把戴夫勒死,以后谁会抚养这个孩子。引用我们整个婚姻生活里最著名的一句话,我又叫又哭道:"结婚那天我怎么也想不到我会像今天这样恨你!"

这不是我最光彩的时刻。但幸运的是,戴夫,以及这个地球上的其他人类,在情侣关系中处处都有展现宽容的魅力的机会。

即使夜里孩子开始好好睡觉(我们也开始能睡好觉)了,我也是一团糟。我爱杰克逊,但我不觉得自己和他多亲近。我太害怕做错事情,于是我从未让自己放松过。我总是在忙家务、杂务,还要确保他的连体衣一尘不染,所以我从未享受过作为一个新妈妈的喜悦。我想,因为我太担心不能照顾好他了,结果我没有把自己照顾好。

由于一直太专注于我们应该"看起来"像一家人,我没花什么时间来让自己和孩子建立联系。我和第二个儿子索亚的关系也是一样。所以,有了两个孩子后,我得了严重的产后抑郁症。我几乎每天都在想,如果我离家出走会怎样。我坐在客厅里,一边给我一周大的小儿子喂奶,一边看着我二十个月大的大儿子在满地的玩具和我还没来得及扔掉的脏尿布之间跑来跑去。然后我就会想:"我应该开车远走高飞,永不回头。这里的每个人都会因为我的离开而过得更好。"

我不认为我在初为人母时做得很好——这本应是我与生俱来的能力——我确信我是一个十足的失败者。现在回想起来，我可以清醒地意识到，当时我对母亲这个角色的理解在很大程度上受到了我在网上和杂志上看到的一些图片的影响。但那时我严重睡眠不足，根本不知道我在追求一个完全不可能达到的目标。我花了太多时间担心自己不能达到拼趣上的完美母亲的标准，以至于彻底忘记了自己是谁。噢，那些日子真是太难过了。我现在再看那时的照片——也许我的头发梳得整整齐齐，也许还涂了一些口红，但我的眼神看上去充满了担忧。

所以，这一章是专门写给新妈妈或准妈妈的。听好了！你们不必现在就对如何做母亲了如指掌。你们不必知道任何事。养活一个新生儿的原理非常简单——喂他，抱他，爱他，尿了就给他换尿布，让他保持暖和，再抱抱他。

一个新手妈妈的日常目标清单应该总结为：

1. 照顾好宝宝。
2. 照顾好自己。

轰隆。

就完了。

该死，你今天没洗衣服？再看看你的目标清单。你照顾好宝宝了吗？是的。你照顾好自己了吗？是的。噢，那我觉得你就是一个很棒的新妈妈。我想，衣服可以等等再洗。

怎么啦，你因为还没减掉孕期增加的体重而感到难过？查看一下你的那张只有两个项目的清单吧。宝宝还活着吗？棒极了。你呢，你还在呼吸吗？那么，看起来你就是史上最棒的母亲。继续加油！

拼趣很酷，而用完美协调的色调来装饰婴儿房占了生育宝宝这件事一半的乐趣。要不要看 Instagram 呢？我现在都经常看 Instagram 上那些怀孕的美妈是如何穿衣遮挡大肚子的，而我根本就没怀孕！当我们不确定一些新事物时，向外界寻求意见很正常，而我们很少像初为人母时那样对很多事情都拿不定主意。但让我告诉你一点——我自己直到很多年以后才明白这一点……

创造了明月和繁星、山川和海洋的上帝，创造了世间万物的造物主，他相信你和你的宝宝注定会成为母子。这并不是说你们会配合得十分完美，也不是说你不会犯错。这只是意味着，你不必害怕失败，因为你不可能搞砸一份你命中注定的工作。

在某些地方，有些愤世嫉俗的读者一定在想那些确实搞砸了的父母。很多妈妈会做一些错误的选择，既伤害了自己也伤害了孩子。作为一名养母，我知道有些宝宝现在正饱受虐待和忽视。虽然上帝眷顾，把宝宝送到妈妈身边了，但那里也许不是他们最好的归宿。

但我说的不是这些妈妈。我说的是你。不要对你的宝宝应该几点睡觉、吃有机食品或现在应该可以坐起来了之类的事情感到焦虑。我说的是那些正在读所有育儿书和育儿文章却还是不知道该怎么做的人。我亲爱的朋友，你感到焦虑这个事实正意味着你全身心投入、聚精会神并下定了决心要做对宝宝最好的事情。这一点就已经使你成为最好的母亲了。剩下的事情会顺理成章，水到渠成。

曾对我有所帮助的妙招：

1.**找一个群体**。参加教会、亲子瑜伽课或在网上加入一个俱乐部。寻找一个知道初为人母意味着什么的女性团体。团结一致会带来很多力量。当你和一个T恤衫上残留着宝宝的呕吐物的人聊天时，你会从中获得很大的慰藉。

2. 远离拼趣。为了保持对所有美好事物的热爱，人们在经历了一个重大的人生事件后就不应该再上拼趣了。为什么？因为你会感觉自己错过了很多，或者你的生活、婴儿房、产后的身材应该和你在网上看到的一样。注意是什么在让你焦虑或让你产生自我怀疑。如果是社交媒体，那就帮自己一个忙，远离它一段时间。我保证，当你开始有更多睡眠时间，也不再那么情绪化时，社交媒体还在原地等着你。

3. 到户外去。每一天，你能为自己、自己的理智和你的宝宝做的最好的事情就是远离"犯罪现场"。离开那个水槽里满是脏盘子和尿片清理罐里满是脏尿布的地方。把你的宝宝放在婴儿提篮或推车里，在小区里散散步。戴上耳机听听碧昂丝、阿黛尔的歌或者关于职业道德的广播。竭尽所能地提醒自己，在你的安乐窝外面还有一种精彩的生活，你仍然是其中的一分子。

4. 跟某个人聊聊自己的感受。我们要克服谎言，一个十分有效的方法就是大声地把它们说出来。无论是你的配偶、朋友还是你十分信赖的家庭成员，告诉他们你正在奋力挣扎，这个举动可以支持你看清生活中不断出现的一切幻象。

第九章

谎言： 我不是一个好妈妈

如果我们要谈谈我初为人母时多抓狂，那我们也必须谈谈作为一个母亲我一直以来多抓狂。一边要摸索母亲的身份对自己来说意味着什么，一边还要照顾一个新生儿，这个过程是非常残忍的……但接下来会发生什么呢？

那就是一次充满传奇色彩的情绪转换。

当我的大儿子七岁时，有一次，他正在吃脆谷乐麦圈，说的话摧毁了我的灵魂。

"你知道你需要什么吗，妈妈？"那天早上，我正在往一个斗牛犬脸状的碗里倒麦片，他突然这样问我。

当一个孩子这样开始跟你说话时，谈话往往可以通向任何你能想象的方向。也许我需要一件超人披风、一把新抹刀或一头粉色的头发。他的思路总是很新奇。

"什么？"我想知道，"我需要什么呢？"

"你需要一条有我们的名字首字母的项链。你知道吗，就是那种上面有每个小孩的名字首字母的项链？"

瞬间，我的心里对字母项链充满了愤怒。

"是的，我知道那种项链。"

"你应该弄一条。我们学校的所有妈妈都戴着这样的项链呢。"他边吃边告诉我，"你也需要弄一条。"

"好吧……"我有一点儿困惑，"为什么我需要弄一条？"

他开心地对我笑了。

"这样你就终于可以和其他妈妈一样了啊。"

终于。

和其他妈妈一样。

像这样的几句话不应该轻易把你打垮，不应该让你质疑自己是否是一个好母亲。但当你已经开始质疑自己，而有人——不只是你的儿子，而是任何人——恰恰提起了那件让你担忧的事情时，把你逼入绝境就并非难事了。

我从来不觉得我的珠宝——或缺少珠宝——会对我是一个好妈妈这件事有影响，但我清楚地知道自己和杰克逊的学校活动中出现的其他妈妈很不一样。我只是不知道他也意识到这一点了。

一连好几天，我一直在反复思量他说的话……既然他能提出要我和其他妈妈一样的建议，就意味着他已经意识到我和她们不一样了。这意味着他觉得我与众不同——当你还是个孩子时，你真正需要的恰恰是和其他人一样。

他注意到我和其他妈妈不一样，因为我工作……太多。我很少有机会接送他。正因为如此，我每两周专门去他们班做志愿者。但这样也不合适，因为尽管我和其他志愿者一样坐在教室的小椅子上剪纸或者往家庭作业夹里塞材料，我也没有穿牛仔裤或瑜伽裤。我穿着高跟鞋和一件白色的夹克衫,而他们那天的活动是用棕色黏土做圆锥形帐篷,我本应该根据活动穿得更应景一点儿(一个妈妈当场就向我指出这一点了)。当时我穿成那样,是因为学校的活动一结束,我马上就得赶往一场工作会议。和其他在职母亲一样,我的生活就是经常要兼顾几件事,又很难都做好。

有时候,我的生活就像一场完美的芭蕾舞,我可以在孩子们的活动和自己的工作安排之间轻快而精准地自由移动。其他时候,我的生活又像一个验伤分类中心。我尽自己最大的努力赶到最需要我的人身边,却还是让他们失望了,就感觉在我到达之前,他们已经悄悄地溜走了。

那时,我希望通过额外参与孩子们学校的一些活动,来弥补错过的很多机会。于是,我会在本就已经超负荷的时间表上再加一些项目,比如答应为他们班策划大型募捐集会,加入学前班家委会,或空出一个下午来协助照看足球训练。我以为,只要我做出额外的努力,就能在孩子们面前为自己赢来一些印象分。但事实上并没有。那时我的孩子们还很小,他们最多只记得前一天发生的事。即使是现在,他们也不关心我的商务旅行、我正在逼近的交稿日期或者我的员工指望我极尽老板的本分带领他们不断发展。我的孩子只在乎他们的朋友的妈妈都参加了博物馆考察活动,而我没有,因为我飞去芝加哥忙工作了。

家里有几个学龄儿童对我来说充满了压力。我家的三个小男孩有着完全不同的时间表，我的小女儿也有自己的日程表。总有很多文书工作要准备：既有每学期前几周堆积如山的文件，也有学期中我总是在孩子的背包里发现的随意乱放的活页式家长签字同意书和注册表。还有学校的午餐。我在保证他们吃上一顿热气腾腾的营养午餐这件事上挺严格的，但现在，孩子们大一些了，他们想要在学校里吃午饭——只在特殊的日子里。所以，现在，查看学校餐厅的日程表成了一种兼职工作。比如，我得保证这周四他们的饭卡里有足够的钱让他们吃到照烧鸡。他们的学校还有实地考察和演出活动、烘焙售卖日以及嘉年华。平时要按时接送他们上学、放学，银行假日时他们还会提前一小时放学。如果杰克逊（上帝保佑他！）不提醒我，我就会全部忘记。要记的事情太多了，但我猜，最让我有压力的是其他妈妈——无论是学校的妈妈还是大千世界的陌生人——不知怎的，她们在这方面总是比我强。

我是我认识的最井井有条的人。但是，即使我凡事都计划得很好，我仍然经常忘记一些事情，或在截止日期的前一天晚上的大半夜才突然记起来。而且，不管我做了什么或参与了多少志愿服务，学校里一些神话般的"别人家的妈妈"总是比我做得更好。

"是的，妈妈，你可以为我们的'自制T恤日'买一件T恤，但利亚姆的妈妈自己种了一些有机棉花。她亲手把棉花种子挑出来，纺成线又做成布，然后亲手给他做了一件T恤。"

我怎么跟得上她们呢，单是想想要这样做就已经让我压力倍增，简直要把我逼疯了。

所以，今年，我做了一个重大的决定。

我受够了。我绝对受够在学校——或在任何和学校有关的事情上——出风头的想法了！我在某些方面做得很好。虽然我们每天早上尽管精心设计了还是乱糟糟的，但我的孩子们上学从未迟到过。我的孩子们（除了那个四岁大的）都穿戴整齐，举止文明，成绩也都不错。除此之外，他们都很善良——他们会和在学校里备受排挤的学生或总是孤零零的孩子交朋友。当然，他们在家会互相攻击，也会吵闹不停，但那又怎样？我们做得不错——不错可比一周里每天都想保持虚幻的完美形象强多了。

所以，也许今年我不会再去孩子们的教室做志愿服务了——虽然班级有派对时我还是会买一些东西。也许我不会参加实地考察活动了——即使这意味着我是个大浑蛋，我还是要说，我讨厌陪同实地考察。还有——你可要做好心理准备——保姆去接我的儿子们放学的次数很可能比我多。我希望我们这个小镇对此能多些宽容……也许就像宽容那些同样不能去接孩子们的在职父亲一样。

妈妈,你应该以适合自己家庭的方式来养育孩子,少花点儿时间来担心其他人对你的看法。我们可不可以不要再对自己这么严苛了?相反,我们应该关注我们做得很好的方面,应该关注在我们养育得如此出色的小孩身上体现出来的明显的育儿成果。

如果明年我们照顾孩子时,全都带着这个简单的凡事尽力而为就好的想法,那会怎样呢?也就是说,让我们尽最大的努力按时上交每张回执单和记得每个星期三古怪发型日,同时要知道,我们会不可避免地忘记一些事情,因太忙而不能去参加志愿活动,或者不能像利亚姆的妈妈那样为全班每个孩子做非转基因的传统姜饼。我们能不能在这一点上达成共识呢,即不完美也可以?利亚姆的妈妈在她擅长的事情上很棒,但你和我呢?我们在自己擅长的方面也很棒。我们可以在步入下一个学年时,深知我们正在养育孩子成为他们注定会成为的成年人。我们的英勇的奋斗目标需要我们用一生的时光来努力。你一天甚至很多天都不是二十一世纪最好的妈妈这一点既不会成就也不会摧毁你的孩子。能帮助他们渡过难关的是想要做好的决心。真正会在以后帮助他们的,是你教他们能做什么时展示出来的优雅从容、自我关爱和现实期望。选一些你作为学生妈妈做得很棒的事情,然后尽可能多地展示你这方面的技巧。至于其他事情,允许自己尽力做到最好,在自己没做好的那些日子里也能对自己宽容，保持心情平静，这样就可以了。

我的孩子们的态度会随着时间慢慢改变和逐渐变成熟的。我相信，现在让我与众不同的这件事——我经营的公司——正是他们长大以后会觉得我比较酷的事情之一。我希望我现在做的一些事情能让他们以后引以为豪。我希望我现在做的事情会向他们展示追求梦想的力量和创业精神。我期待未来会发生的很多事情……但都是一些目前看来对我没有任何帮助的事情。

今天我又出差了，这是这个星期我第三次出差，就像以前的很多个星期一样。今天，杰克逊正在紧张地排练歌词，想要参演他们班的音乐剧。虽然我很擅长音乐剧演出，却不能陪在他身边帮他，这一点真让人难以接受。今天，福特咳嗽、发烧了。最近他变得很黏人，总为睡觉时间而跟我们反抗。但今晚八点，当他觉得自己应该像二十世纪八十年代的俱乐部承办人一样彻夜不睡时，我也不在家帮着戴夫一起照顾他。

总有些事情让我牵挂。

一些可以压垮我、让我怀疑自己做出这样的选择是否正确的事情。我的那些在他们出生时就有的焦虑并没有完全消散。相反，它们就像酵母菌一样总是显现出来并不断膨胀。现在和那时唯一的区别是，我比那时更能一眼看清这个谎言带来的负面影响了。做一个完美的母亲是一个神话——但大多数时候，做一个还不错的母亲是有可能的。我相信育儿方式不止一种。事实上，我认为，如果我们想把别人的理想强加在我们自己的家庭模式上，这可能会对我们的孩子非常有害。

霍利斯家的男孩们很会讽刺和挖苦，这一点是从他们的父母那儿继承来的。戴夫和我觉得这很滑稽，我们也很欣赏他们的机智。但是，如果是在你的家里，他们的这种讽刺和挖苦可能会被认为是不尊重他人的表现。同样，我在孩子们的礼貌方面要求极其严格。我希望听到"好的，女士"和"不，先生"。我要求他们说"请"和"谢谢"。如果有人在我的餐桌上说了一些不合适或很粗鲁的话，我会请他们离开桌子。但是，也许这在你家就太夸张了。也许在你家的餐桌上，你们每顿饭过后都可以边打嗝边聊天，然后一起大笑。如果是这样，那很棒。妈妈，做母亲不止一种方式。

做一家人也不止一种方式。还记得我对新手妈妈说过的日常目标清单吗——保证宝宝活着，保证自己也活着。照顾大孩子的清单也许会稍微长一点儿，但核心思想是一样的。你需要关心，真正关心你正在养育孩子们长大变成好人这件事。你需要做今天的工作来保证这一点。有时候你会做得很棒，有时候你会大声尖叫，想着，是谁暗中用这些既没礼貌又不尊重人的丑小孩把你的

> 醒醒吧，**女孩**

天使宝贝们换走了。

　　好消息！明天是全新的一天。明天，也许你会在发脾气前数到十，也许他们会把你做的饭一口一口全吃光，还会跟你说一些超级好笑的话，以至于你会想："天哪，没有孩子的人会错失多少快乐！"你会体验到，作为一名妈妈，每天都与众不同。你需要接受，作为一名家长，每天都像摸彩袋一样充满了好的、坏的、糟糕的、美好的、奇妙的和痛苦的经历。

　　你只需要关心就好了。

　　不只是关心他们，对你自己也一样。如果你充满了痛苦，对自己总是苛求，那你也不能很好地照顾孩子，教他们成为完整而快乐的人。这意味着，当你和他们在一起时，尽自己最大的努力就够了。这意味着，当你筋疲力尽，需要休息时，你应该赶紧搬救兵——可能是你的朋友、配偶、妈妈，也可能是当地体育馆的游乐场。这意味着给自己一些独处的时间，远离这些快把你逼疯的可爱的天使。去做个美甲，跑个步，或者给你的大学舍友打个电话，约她出来一起吃顿饭。更好的是，如果可以，安排一段完全属于自己的周末时光。想象一下整整两天，一次也不用给谁擦鼻子。想象一下被人叫你真正的名字！你能想象睡懒觉吗？噢，天哪，女孩，你不要睡得太舒服。

也许你会收到一条信息，也许你一整天都躲在某个地方看德鲁·巴里摩尔主演的电影……整个世界都由你支配！然后想象一下，当你回到家时，你感觉整个人都神清气爽、焕然一新，处理孩子们的大呼小叫和把面包皮切下来之类的奇葩要求时得心应手，而不是像以前一样只想把自己关在一个柜子里安静一会儿。想象一下，你可以从现在开始安然地接受自己母亲的身份，而不感到一丝内疚。想象一下，你可以同时照顾孩子们和自己，而不是不断质疑自己做的每个决定。这是可能的。

这也是一种选择。

你必须选择不要比较，不要拿自己的家庭和其他家庭进行比较，也不要拿自己和其他女人或学校的妈妈们进行比较。你还必须选择不要拿自己的孩子和你朋友们的孩子进行比较。最不应该的是拿自己的孩子们互相比较。我不是说你不应该努力提高自己，从而做一个好家长。一说到孩子们，你的任务就是帮助他们成为最好的自己。但是，我的姐妹，请你，请你，请你不要再让自己的恐惧来扰乱自己，歪曲每一件其实你做得很好的事情了。

几年前，我必须要做一个重要的决定——要么接受自己做一名在职妈妈，为自己所做的事感到骄傲；要么辞职回家，做一个全职妈妈。不断因为我的选择而谴责自己对孩子们不公平，对我自己也不公平。这样我也不能为他们树立一个好榜样。我真的想让他们看到我一生都在追求梦想但同时又表现得很焦虑,仿佛自己不值得这一切吗?当然不。

几年前,当我想要减掉怀第二个儿子时增加的孕期体重时,我去见了我的第一位教练。她是一个极其强悍的女人,很喜欢立卧撑跳(很显然是与魔鬼同盟的那种人)。我不止一次在和她一起训练后直接累吐了,真是个笨蛋。

有一天,我们聊到我的饮食。那时我仍在苦苦挣扎,费尽心思想要戒掉卡乐星汉堡。她问我:"你会给孩子吃你吃的那些东西吗?"

那时,我的习惯是半天不吃东西,饿到不行时看到什么就一顿胡吃海喝。我被这个问题惊到了,因为我花了很多时间和精力来精心照料孩子们的饮食。不,我当然不会像对待自己这样来对待我的孩子们的饮食。

后来,当我作为母亲的责任感有所减弱时,像这样的问题就成了把我拉回来的救生索。我希望我的孩子们也有这样的感受吗?我想不想让他们去追求自己内心的渴望和点亮他们灵魂的职业——不管是全职家长、宇航员还是企业家?接着,我会因为这和其他人的社交网站动态不一样而不断质疑自己当初做的选择吗？噢，我的天哪，各位，光是这样想想，我的心脏都要停止跳动了。我绝不想让他们苦苦挣扎，怀疑自己到底有何价值，就像我曾经历的那样。我绝不想让他们因为怀疑自己而感到焦虑不堪。我绝不想让他们未来当家长时认为在上学日的早上随便吃个麦圈就行了。

所以，我做了一个决定。

我会尽我最大的努力，我相信我最大的努力正是上帝为这些孩子准备的礼物。

所以，我选择为平衡工作和家庭而战斗。我用自己能支配的一切时间来做到最好，我也为那些看起来尤其重要的事情而妥协，即使这些事只在一个七岁的孩子眼里有道理。有一年，有一段时间，索亚宣布，他午餐只喜欢吃我做的三明治——而不是他爸爸做的。于是，我每天很早就起床，保证只有我一个人给他们做午餐。当杰克逊告诉我，他想要和我一起跑步时，我给他买了跑步鞋，并陪他进行了世界上最慢的一英里慢跑。当他告诉我，我应该弄一条和其他妈妈一样的项链时……我就去弄了一条。

我弄了一条那样的项链，但还是有一百条理由让我不能和其他女人一样熟练地进入理想母亲的角色。比如，我讨厌有组织的体育运动。

做一名运动型妈妈是一种荣耀,对吗?你的孩子们参与足球、棒球、曲棍球、体操或其他体育运动时,你可以立即陪他们全身心投入。Facebook和其他社交媒体上到处都是妈妈在场外为孩子欢呼助威的照片。最近,我的朋友凯特告诉我,她为她儿子的比赛助威时嗓子都快喊哑了,她觉得能在现场观看太激动了。我很爱凯特这一点:她是典型的全身心投入孩子的体育活动的运动型妈妈。但我不是。

我爱我的孩子们胜过地球上的一切,但是运动……运动实在不是我的菜。几年来,我一直在自责,因为我很害怕我们的周六时光会被某个比赛安排打扰。我觉得自己是一个糟糕的妈妈,因为我应该想要在现场看着我的儿子踢足球或打棒球,但我真的不想。噢,当然,表面上我也欢呼助威,也大喊大叫,也在比赛日制作特别的零食。但在我的内心深处——我知道我会因为承认这一点而受到谴责——我觉得这有点儿无聊。

至于我的丈夫,他太高兴能在现场了。他热爱任何体育项目,我觉得,看儿子们运动也许是他在地球上最爱的三件事情之一。但我不能理解。我的意思是,看到孩子们很开心,我也很高兴。我很激动他们可以参与一个体育团队,了解体育运动带来的好处

谎言：我不是一个好妈妈

和增强自信。但除此之外呢？没有了。这并不是我最爱的事情。我知道你们中的有些人不能理解我的这种看法。对你们而言，这种活动令人心花怒放。对你们而言，这些时刻正是你们幻想做母亲是什么感觉时心中的想象。我觉得你们有这种感觉很棒。我们每个人都会体验到对自己孩子的成就充满自豪、欣喜若狂的瞬间，但引起这种体验的事情是不一样的。

如果时间教会了我什么，那就是，正是我们的不同造就了每个人独一无二的人生。没有人和另一个人一模一样，这是一件好事，因为本来就没有唯一正确的方式。全职妈妈、在职妈妈、没有孩子的女人、退休的奶奶、和孩子一起睡的妈妈、用奶粉喂养孩子的妈妈、严格的妈妈、时髦的妈妈、允许孩子光脚走路的妈妈或者宝宝一出生就为他报名音乐启蒙课的妈妈——不管是谁，也不管你是哪一种，你都在为现代育儿这碗鲜美的浓汤添加自己独特的香料，贡献自己独特的口感和美妙的味道。我可以观察其他妈妈并向她们学习，我也可以忽略那些对我们家来说不真实或不实用的事情。你也可以为自己做同样的事情。这就是成长、学习并弄清自己的真实面目的美妙之处。

曾对我有所帮助的妙招：

1. **寻找证据**。我过去常常花很多时间来纠结自己作为一名妈妈做得不好的事情。但你知道吗？我的孩子们都棒极了！噢，当然，他们有时候也会把我逼疯，但他们的学习成绩不错，为人很善良，对遇到的每个人都很友好。当他们受了伤时，他们找的人是我。如果夜里做了噩梦，他们呼喊的人也是我。我们之间的纽带是牢不可破的，这一点不会仅仅因为我是一个在职妈妈就改变。在你的生活里找找这样的证据。如果你养育的是对奶奶非常无礼的纵火犯……那么，也许你需要寻求他人的帮助。但是，如果你的孩子大部分时候都表现良好，那就让自己省省力气吧。

2. 跟其他妈妈交朋友。是的，就是那些你的孩子拿来跟你比较的妈妈。是的，就是那些你拿来跟自己比较的妈妈。如果她们也是人，那么她们很可能会告诉你，她们也担心没有教育好自己的孩子。是的，萨曼莎的妈妈，就是那个为了庆祝学校成立一百天而费尽心思把一百块亮片缝在一百颗纽扣上，又把纽扣缝在她手工缝制的帽子上的妈妈，她也在为自己的育儿方式担忧。皇帝没穿衣服，各位。除非你去找出真相，否则你永远都不会知道这一点。

3. 关注质量。当我过度紧张自己的育儿方式时，通常是因为我觉得自己缺乏足够的亲子时光。亲子时光指的是我没有打电话、待在电脑旁或者和另一个大人说话的时候，通常指亲子阅读以及和孩子们一起玩糖果乐园游戏、看电影或做饭。当我全心全意和他们在一起时，才是我真正觉得自己做得很好的时候。

第十章

谎言：我应该比现在取得更多成就

上周，我和一群女性坐在一起喝酒聊天。我身边的这群女人年龄不一，来自不同的城市，有各自不同的背景，有些已经成家了，有些还没有，但所有人都称得上是成功人士。有人提起有关年龄的话题，问我们是否喜欢庆祝自己的生日和又一年时光的逝去。大家一致回答"当然不"。

这让我大吃一惊。

我是那种非常喜欢庆祝自己生日的人。我提前几个月就开始计划，列长长的生日愿望清单，比如我想做的事（一整天都穿着宽松的长运动裤！）和我想吃的东西（菠菜洋蓟蘸酱，芳菲堤蛋糕做甜点！）。我十分期待我的生日，就像三年级的孩童那样欢欣。我喜欢的并不只是庆祝本身。我每年都过得很自豪，所以，其实我根本不在乎自己的岁数。

我知道女人不喜欢年龄增长。我相信，这个陈词滥调自有史以来一直存在。我从来没有问过任何人为什么会有这样的感觉，所以我问了这群女士。我想知道她们到底讨厌年龄增长的哪一点。每个人的答案的核心思想都是一样的。

我原以为有人会提到看上去老了或感觉身体不年轻了。我一直以为原因和失去青春有关，也许对有些人来说就是这样。但是，这个群体关于年龄的问题和大众有所不同。

她们之所以不喜欢年龄增长，是因为那些没有发生的事情。

你看，她们都曾对自己的人生有所规划。当她们还是小女孩、少女或二十出头的女孩子时，她们就做了各种各样的计划。不管是小计划、大计划还是宏伟远大的目标，她们都以为自己在此之前早就能完成了。而且，当她们完成了愿望清单上的很多事情时，总有少数几件让人遗憾的……还没实现的愿望和梦想。所以，对她们来说，生日只会提醒她们，还有很多事情尚未完成。

对她们中的有些人来说，遗憾的是事业平平或未达到某个预定的财务目标。还有些人想步入婚姻殿堂或怀孕生子。她们很早就给自己设定了某种人生规划，而到了每年的生日时，她们都没能完成这些计划。生日无疑是在残酷地提醒她们，她们正在打破自己曾经许下的诺言。

谁没被这样的谎言欺骗过呢？我记不清我曾多少次因为相信我的目标有期限而不断自责。（多么令人沮丧的想法啊，这一天本该充满了奶油糖霜的甜美味道！）但是，女士们，我们需要意识到，这样的心态对任何人都毫无益处。我们把所有注意力都放在一些事情的缺失上了。

想象一个小宝宝正学着迈出自己的第一步。她胖乎乎的小脸上满是欢喜，几周以来，她已经学会不扶茶几就站稳了。终于，终于，她从相对安全的小桌那里勇敢地迈出了自己蹒跚的第一步，然后摇摇晃晃地走过客厅里可能把她绊倒的地毯，最后抓住了沙发的边角。到达那里后，她兴高采烈、得意扬扬、无比激动地抬头看着你。现在，想象一下你对她挤了一个转瞬即逝的冷冷的微笑，要求道："是的，克洛伊，还可以，但你为什么到现在还不会跑呢？"

你能想象那个小女孩会多沮丧吗？什么样的家长会对自己刚开始学习某种新技能的小孩有这样的反应呢？如果一个母亲有

如此严苛的反应，批评一个宝宝没把事情做好，而宝宝根本就没有时间或人生阅历来弄清楚这些事情，这就太骇人听闻了。但是……但是，我们一直以来都在对自己做这样的事情。

我们的消极心态比一个可恨的家长随意对我们进行的任何精神侮辱都要可怕。它也阴险得多，因为，既然我们自己都很少意识到这一点，那就没有人会阻止它了。于是，因为有些事情我们自认为做得不好，所以我们不断地责备自己，那些声音就逐渐变成了没完没了的白噪声。最后，我们甚至根本就听不到了。

为什么呢？因为你认为自己应该在四十岁时当上公司合伙人？因为你不能相信自生孩子以来自己长胖了多少？因为你妹妹结婚了而你连恋爱对象也没有？因为你从大学退学了，没拿到学位？还是你每时每刻都在想着一切已经太迟了？

要我说，这些全是废话。

上帝有完美的时间安排。如果你没有类似的信仰，就把它想象成所有事情都会在注定的时间发生。你看着自己的人生，发现还有八件你以为三十五岁之前会完成的事情根本没有实现，于是感到特别沮丧。但之所以还没完成，或许只是因为你还没有足够的人生阅历。你就像那个迈着胖嘟嘟的大腿摇摇晃晃地走过客厅的宝宝——或许你需要耐心地再等待一段时间。

也可能这个目标不是你命中注定的目标。也许你注定要做一件更酷的事情,而这件事情要五年以后才会出现。也许你需要经历目前的阶段,来准备好迎接它。每件事情都有存在的意义,每个时刻都在让你为下个时刻做准备。不管你是否承认这个时刻多么美妙——上帝磨炼你、助你成长,用你以为自己无法承受的磨难来锻造你的这个时刻——这一切都在帮助你成为更好的自己,去迎接一个你无法想象的美好未来。

当我第一次决定怀孕生子的时候,我以为我打个响指,下一秒就可以等着分娩了。事实上,我花了八个月才成功受孕。八个月来,我满怀希望又失望透顶;八个月来,每次我发现自己来月经都痛哭流涕;八个月来,我不断提醒自己,不要去忌妒身边那些已经怀孕的女人;八个月来,当事情并非如我所愿时,我伤心难过到了极点。

一天早上,我做了一个早孕测试。终于看到测试棒上出现两条粉杠时,我冲到镜子前去看自己的脸。我满脑子都在想:"我永远不会忘记我发现自己要做母亲时的样子。"我现在还记得当时镜子里自己的样子:双眼圆睁,充满震惊和惊喜。

杰克逊·凯奇·霍利斯于二〇〇七年一月三十日出生了，他是我生命中最大的快乐之一。他喜欢打电脑游戏、和我一起做饭，还喜欢在右手腕上戴一堆彩色的橡胶手环——"它们很酷，妈妈，这就是原因。"各位，如果我在那八个月中的任何时候怀孕，我就不会拥有这么可爱的杰克逊了。

上帝有完美的时间安排。

我曾经梦想成为洛杉矶最大的活动策划商。我想拥有一家有很多员工的大公司、一间奢华的办公室和出手最阔绰的客户。年复一年，我总在想："今年我需要二十个员工。今年我要策划州长舞会。今年我要挣一百万美元。"（我是个梦想家，你可以这样叫我。）每年我们的规模都在扩大，但都没有我期待的那么大。我感觉特别沮丧，觉得自己没有计划中那么成功。

然后，我的博客——本来只是一个用来宣传活动策划公司的营销工具——聚集了一些粉丝。我超级喜欢为我的粉丝试验新配方，或者和他们讨论如何装饰客厅。最后，这个网站成了我的全职工作，我这个毫无技术或数字媒体知识的大学肄业者成了一个坐拥几百万粉丝的网站经营者。除此之外，这份工作比我策划过的那些活动有意思得多，也让人开心多了。如果我真的有洛杉矶最大的活动策划公司，如愿雇了很多员工，挣了很多钱，我就不会有时间来写后来成为我的事业、彻底地改变了我的人生轨道的博客了。

上帝有完美的时间安排。

戴夫和我在领养孩子这条路上经历了太多。大约五年前，我们启动了从埃塞俄比亚领养一个小女孩的程序。在完成了堆积如山的文书工作以及快一年的准备、上百次的填表和输入指纹以后，我们终于被正式审查，开始等一个跟我们的选择相匹配的结果。又等了两年，埃塞俄比亚的领养系统内爆了，我们发现继续等下去也是徒劳无功。我们为失去了我们想象中的女儿和一种理想的生活而感到特别心痛。

我们只能从头再来。这次，我们决定通过洛杉矶的收养机构来收养一个小孩，因为我们发现这个需求还挺旺盛的。那段时间，我们通过收养机构收养了两个小女孩。在她们不得不离开我们后，我哭了好几周。两个月后，我们接到一通电话，得知一对新生的孪生姐妹将成为我们的女儿。她们出生六天后，我们从医院把她们带回家，给她们取了名字。我也体验到了一种难以言说的母爱。让我们意想不到的是，她们的生父决定要回她们。于是，五周以后，我以为会一辈子做我们的女儿的孪生姐妹就被带走了。

我不知道该有何想法或感受，我也不知道自己是否还有勇气再去尝试领养。我知道我被恐惧控制了，在这样心痛的情况下，很难不去担忧。我流了好多眼泪，心想："老天，如果永远实现不了，为什么你还要让我心生这样的渴望？上帝啊，如果我们再次尝试，你不会再让我伤心了，对吗？因为这个充满了上庭、亲生父母变卦、医生来访、分离的伤痛和儿童家庭服务部门介入的过程——这已经很难了……你不会让我们到最后还伤心欲绝的，对吗？对吗？！"

就在我这样无比害怕地胡思乱想的时候，我听见他问我："你对我的安排到底有没有信心？"

这就是问题的根源：信仰。相信你的人生有它自己的路线，尽管有时它会充满痛苦和艰难。我相信上帝已经为我安排好了吗？当然。我曾无数次见证这一点，所以我对此深信不疑。这意味着，哪怕过程不简单、不容易或充满不确定性，我也要坚信这一点。

我可以为你举上一整天的例子。回想起来，我的女儿就是一个很好的例子。其他女孩注定只能在我们的生命里出现一小段时光——不管出于何种原因，我们都注定只是她们生命中的过客。我们是彼此的人生旅途中的匆匆过客，我们相处的时光注定只是通往最终目的地的一个站台，即使我们不能见证彼此的成功。

我写这一章的时候，我的女儿在厨房桌子上我的电脑旁的一个婴儿摇椅里睡得香甜。那对双胞胎姐妹离开仅五个月后，也就是我无法想象再次鼓起勇气尝试领养五个月以后，独立收养中心将我们和她的亲生母亲配对成功了。那是一段令人无比焦虑的时光。我非常担心事情可能会出问题——过去确实出过问题——担心得都有点儿精神失常了。但结果是，我们跟诺亚和她的第一个家庭建立了非常好的关系，这段关系是如此独特，以至于它只能是上帝的杰作。这件事再次提醒了我，上帝有完美的时间安排。

如果你有目标，非常好！我一定是你见过的最有上进心的人之一，我的人生目标清单有九英里那么长。但我明白，在列目标清单的同时，我得对自己多一些宽容。二十五岁前结婚，三十岁怀孕，四十岁前成为区域总裁，这些都只是任意数而已。因为，你知道吗？我的这些目标或计划一个也没有如期实现。结婚和生子比我预料的提前了很多……而事业的成功又推迟了很多。事实证明，我人生中最美好的事情都不在我的目标清单上。

今天，你的目标清单上可能还有几件未竟之事，但你同时也有一张长长的已毕之事的清单。你已经做过不少小事和大事了……还有一些你多年前就已经完成的事情目前正在别人的目标清单上呢。关注那些你已经完成的事情。关注你摇摇晃晃地走过客厅地毯时的那些小步子。庆祝那些微小的时刻，虽然它们并非其他事情的垫脚石，却依然神圣。没有什么比今天更重要。

上帝有完美的时间安排，而且，由于你不在预想中的那个位置，你极有可能会出现在自己注定会去的地方。

曾对我有所帮助的妙招：

1.**列清单**。我是认真的。详细地写下那些你已经完成的事情。事实上，给自己写一封信，表扬一下自己的韧性吧！我去年参加了一场伊丽莎白·吉尔伯特的研讨会，她让我们这样做——站在自己取得了很多成就和不愿意屈服的角度想一想。你想看见一屋子人都在哭泣的场景吗？那就让他们这样做。当你迫使自己承认那些已经完成的事情后，你会发现，为那些你还没做的事而自责真是太不应该了。

2.**和某个人聊一聊**。很多时候，我们之所以不承认自己的感受，是因为我们太羞愧了。但当你可以和某人聊一聊的时候，这个人就会听到你说："我觉得自己很没用，因为我还不是一个摇滚明星。"然后你就能体会到这句话多荒谬了。"你在开玩笑吗？！"他们会说，"看看那些你曾做过的精彩的事情！你很棒！不要再对自己这么苛刻了！"记住，当你保持沉默时，你就在赋予这些谎言力量。

3.**设定目标，不做时间限制**。我热爱目标，它们能帮你成为最好的自己……但远大的梦想不应该有截止日期。只要你在朝期望完成的目标努力奋斗，就不应该在乎它会花你一年还是十年的时间。

第十一章

谎言：别人的孩子太聪明/有条理/ 有礼貌了

这些年，我在MOPS网络社区演讲过多次。我个人坚信，天堂一定会为那些经历过养育学龄前儿童之艰辛的人留一席之地。

和我受邀参加的大多数演讲一样，当演讲是关于育儿经验时，我就会被问及想谈哪方面的内容。有时候，他们甚至会给我一个演讲主题，比如"更好地相处"或"一段通往……的旅程"。

这种时候，我总是会根据自己的经验来尽量完成这个任务。

一段通往塔可钟菜单左侧的旅程……

一段通往吸血鬼和狼人三角恋故事书的旅程……

一段好不容易才学会恰恰舞步来取悦你的孩子们,却马上就得从头学习嘻哈舞曲的旅程……

我免不了要坐下来,尽最大的努力就指定的话题整理一些深思熟虑又发人深省的讨论。一段理解福音书的旅程,也许是这样?或者一段寻求安宁的旅程。

但是,当我想坐下来写下我的想法时,我毫无头绪……生活要忙,孩子要照顾,工作时间、睡觉时间、晚餐时间、午睡时间……所有时间都在扰乱我。

我发现自己在想:"老天!如果我从来没有过一刻安宁,你指望我说些什么?!我每天都在风风火火地为生活奔波,你却要我去和其他女人分享经验?你想让我谈谈我的信仰?!我太累了,连信仰这两个字都不会写了!"

然后我听到了那个平静而微弱的声音——"这就是我想让你演讲的内容。"

这可能就是我努力想让女性产生共鸣并因此获得成功的动力。

我也曾有所挣扎，但我没有粉饰这件事或假装它并不存在，我只是简单地承认了我在工作中的挣扎。

所以，我不打算谈论如何找到你的安宁，我要谈的是拥抱你的混沌。让我们面对现实吧，这才更像是生活中的情节，因为我不知道今天还有哪个女人可以慢吞吞地找钥匙，更别提一种持久的安宁的状态了。如果你恰巧在教育孩子的过程中找到了内心的宁静，请别告诉其他人。因为这只会让我们难过，而当我难过时，我就会吃生蛋糕糊。

我经营着一家专为女性打造的生活方式媒体公司，这家公司的基石就是我的网站。每天，来自全世界的庞大的女性粉丝群会登录我的网站，查找晚餐吃什么、如何DIY抱枕、如何准备让孩子上学或秋天应该如何穿搭。我提醒你这一点，是为了让你记住，我基本上是以给女性提供建议为生的。我工作的每个部分都旨在帮助女性生活得更容易一些。

这一点很关键，因为我即将用一整章来与你分享如何奔向混沌、安然地度过艰难的时光和接受自己所处的现实——即使它很糟糕。十年的工作经验教会了我一些事情，我有一个十分站得住脚的理论。讽刺的是，我认为，也许拥抱混沌就能找到安宁。

你听说过混沌理论吗？混沌理论是一个数学领域的术语，它认为，动力系统的行为和条件对起始条件高度敏感——更为通俗的说法是蝴蝶效应。仅供参考，这些知识是我刚才在网上查到的。我这辈子从来没有写过一句包括"动力系统"这个词语的话。

蝴蝶效应是一个由来已久的术语，其理论基础是，如果追溯一场龙卷风的源头，你会发现，其实它是由三周前半个地球外的一只蝴蝶振动翅膀时产生的气压变化引起的。

简单来说，它的意思就是，微小的事情也能产生巨大的后果。

混沌就是，我三岁的儿子夜里至少要醒一次，哭闹着要跟我们一起睡；我的网站瘫痪了，需要几个小时才能修好；我的姐夫生病住院了；我的丈夫出差十天；我得了荨麻疹、面神经瘫痪或压力引起的头晕症；我弄洒了整整一加仑牛奶；一只鸟把屎拉在了我的头发上；一个宝宝把屎拉在了我的头发上；我跟我的丈夫、妈妈、姐姐或丈夫的妈妈的姐妹吵架了……你可以在这里根据自己的情况填上一些混沌事件，因为我们都有这样的混沌时刻。

每个人都生活在混沌中，通常情况下，我们会用下面三种方法之一来应对：

1. **忽略它**。这是我个人最喜欢的处理混沌的方法。我假装根本就没有这回事儿。我埋头更加卖力地工作,因为没人可以击中一个移动着的目标。

忽略混沌的问题在于,混沌的本性是极其令人紧张的,就好像你明明已经得了流感,却想假装自己根本没有生病。你可以尽情发挥你的心理暗示作用,但到了最后,压力还是会压倒你,你的身体也会回以消极的反应。对我来说,我的压力会表现为面神经瘫痪或头晕症。我大姐一紧张就会得荨麻疹,我还有个朋友会失眠。也许你认为它不会直接影响你,但它最后还是会表现出来的——而且很可能会对你和你的家人造成不良影响。

2. **与它斗争**。一般来说,我们总是会避开真正应该面对的问题,选择在一个完全不同的领域与之抗争。所以,为了处理压力,也许我们会打扫厨房。我们会打扫卧室和前厅。我们再次打扫厨房。我们帮孩子们梳头发和擦脸。当他们的教会服装上沾了番茄酱时,我们会大喊大叫。我们尽最大的努力维持表面的完美,因为也许这样一来,心灵终会与表面相匹配。

与混沌斗争有一个问题,那就是,我们总是会输。如果我们相信多做事、多组织、多计划就能确保凡事都不会太困难,那么,当生活变得艰难时,我们就会感觉自己是一个失败者。生活是疯狂和令人紧张的，有时候，在好转之前会看起来很糟。在日常生活中，我们总是失败，于是我们充满了无能又愤怒的感觉。生活让我们觉得失控了。

3.沉溺其中。我们经常为家务活儿、日常工作、家庭和朋友而忙得团团转，眼里只看得见充满压力的事情。这是一种无能为力的感觉——不管我们做什么，都不管用。我们渐渐开始沉溺。我们抱怨，我们躲在被子下，我们还是输给了混沌。

问题是，沉溺意味着窒息。如果我们选择躲在水下，而不是奋力挣扎到水面，我们最终就会忘记如何游泳。

我的姐妹，你不可以这么脆弱。你有孩子要养，账单要付，生活要过——如果你躲在被子里，是不可能做到这一切的！

另外，这些方法——逃避、反抗和沉溺——都是给那些想要制造一种完美生活的假象的人准备的主要方法。你可以靠暴饮暴食来避免面对生活。你可以靠醉酒来浇愁。你可以通过很多消极事物来让自己的大脑暂时远离你生活中的混沌——很多人都这样做，根本没有意识到我们正在形成一种危险而普遍的应对机制，而不仅仅是一时的逃避。

这三种方法最大的问题是什么？每种都暗示着你在掌控一切。从某种意义上来说，确实是这样……毕竟，这本书的目的就是要提醒你，你可以掌控自己的一切。但你不能控制别人的行为——你的孩子们哭哭闹闹，你的宝宝在塔吉特超市里拉便便，狗狗在你的后院刨坑，或洗衣机坏了。当你觉得自己能搞定这一切的时候，你只会发现自己充满了愤怒、沮丧和压力。还有，当你以为自己完全掌控着一切时，你就不会停下来花时间与上帝交流了——你会用其他方式来尝试获得一些安宁。

那么，我们有哪些选择呢？忽视它，与它做斗争，还是沉溺其中，直到我们对它带来的影响已经无动于衷？不可能，我们可以做得更好，即使你正被一大堆脏衣服和一群亢奋的孩子包围着，很难感受到这一点。

还有一个选择——一个人们很少抓住不放的选择——拥抱混乱。有趣的是，我认识的在这方面做得最好的人恰恰是那些生活在混乱中的人。这些人中有我的朋友，她的丈夫正在海外服役；有我认识的女性，她正在养育有特殊需求的儿童；还有打三份工的单亲妈妈。我相信，这是因为她们很早就明白了一个道理：混沌中自有美丽，就像不抗争中也有自由一样。

事实上，耶稣是混沌的最终拥抱者。他传道、讲道、牧羊，在那段骚动的布道生涯里，他接受了所有人。他欢迎所有人来接受这份大爱——寡妇、妓女、麻风病人、孤儿、有迫切需求的人、生活中喜欢自找烦恼和压力的人，以及那些不总是那么可爱甚至不和善的民众。此外，耶稣告诉我们也要爱他们。他没有和善地说："嗨，大家好，也许你们可以……"不，他直接号召我们与受压迫者站在一起。耶稣看着他们，说道："来吧。"耶稣接纳了那些混乱而破碎的部分，说，"看，我正在使一切焕然一新。"在经历混沌、恐惧和挫败时，总有一个声音在提醒你："天下万物皆有时。"

你正坐在你的城市、你的小区、你的房子里，想着："这太难了。没人会理解的。我没法儿坚持下去了。"哇啦，哇啦，哇啦。而上帝在上面看着你说："我的好女儿，我从《龙虎少年队》[1]时期就开始说这些了！"

感觉难以承受不是什么新鲜事。

你刚刚度过了艰难的一天或一周，这时你会对着丈夫发火或想抓自己的头发吗？你还没搞清情况呢。你不是唯一这么做的人。然而，你的个性正是通过你处理压力的方式体现出来的。

---

[1] 美国于1987年上映的电影，由约翰尼·德普主演。

所以，也许读到这里你会想："好的，我现在是……我明白了。让我们拥抱这种混沌的生活状态吧！但我到底该怎么做？"

从宽容自己开始。我们都会搞砸，我们都会犯错，我们都会忘记孩子的睡衣日或把它和照片日弄混。我对我的孩子们、我的丈夫和我自己都大喊大叫过，每一次的感觉都很糟糕，都让我心碎，因为失控太让人不安了。但你知道吗？明天是全新的一天，是一个全新的可以再次尝试的机会。

深呼吸，发现你所处状况的幽默之处。当幽默不是很明显的时候，就迫使自己主动去寻找。几年前，当我们正在被审查能否得到养父母资格时，一个社工要来和我们的每个孩子谈话。我们陪孩子们坐在客厅里，听社工边喝冰茶边问一些无伤大雅的问题。她给了他们一些善意的鼓励……直到她问到刚满四岁的福特·霍利斯。

"什么事情让你开心？"她问。

他说他喜欢游泳。

"什么事情让你难过？"她继续问道。

他想也没想就告诉她:"爸爸夜里吓唬我的时候。"

戴夫和我都愣住了。什么?他到底在说什么鬼话?为什么他选择在此刻,和一个儿童保护服务部门的社工说这个问题?

"你说'爸爸夜里吓唬你'是什么意思?"

"你知道的,就是他夜晚来到我的房间里,还对我很生气。"

各位,你在接受这样的面试时,肯定会非常忐忑不安,但当你的孩子们说一些疯话时,你会觉得你不仅不会得到领养资格,而且可能会失去你现在拥有的这些孩子。

她又问了一些问题,才得知福特说的是前天晚上他半夜醒来想要偷偷地爬到我们的床上(这违反了我们家的规定)的事情。他爸爸对凌晨两点三次陪他回到他自己的房间这件事很不满。事后想起来很可笑,但当时,在我们还没有澄清的时候,我觉得我都要喘不上气了。所以,请你在艰难的时刻也让自己笑一笑。事实上,情况越糟糕,就有越多可笑之处。

我也鼓励我自己——还有你——去寻找圣灵的果实。你们中的有些人可能不像我一样每天早餐前唱着儿童赞美诗音乐磁带里的歌长大，对你们而言，圣灵的果实就是爱、喜悦、耐心、平和、友善、美好、忠诚、温柔和自控。这些都是极好的价值观。我相信，在特殊时刻，总有一个是我们需要的。选一个让此刻的你最有共鸣的价值观，把它写在一些便利贴上，然后到处都贴上。

别忘了休息一下，照顾好自己，去约个会或做个美甲。给自己留一些休闲时间，当你重新走进这片混乱时，你就会更好地接受这些状况了。

找到一群和你处于同样境地的人，如实地告诉他们你目前的状况以及你为何苦苦挣扎。学会求助，当有人主动提供帮助时，就接受它！接受你能得到的一切帮助，把它们当成上帝赐予你的礼物！我不能告诉你有多少女人曾问我是如何做到"面面俱到"的，当我告诉她们我学会了求助他人时，她们看着我的眼神仿佛我是个外星人。

"比如，哪方面的帮助？"

比如，当你的婆婆说下午会过来陪孩子们玩时，你要说："好的，有请。"如果你的丈夫主动提出叠衣服（即使你认为他并不擅长叠毛巾），你就说："好的，有请。"如果你的女友想给你带饭或酒，虽然你觉得给她添了麻烦，感到不安，但还是要说："好的，有请。"或者，如果孩子们的小学开设了一些下午课，这些课能让你调皮捣蛋的儿子们在学校里多待一个半小时，那么你也要说："好的，有请。"

什么可以给你更多时间、更多空间、更多自由，来让你找到自己的重心呢？无论是什么，都对它说"好的，有请"！

还记得那个关于一个男人不停祈求上帝别让他淹死的老笑话吗？有人坐船经过，问他是否需要搭救，他说："不，上帝会救我的。"后来，又有两艘船经过，他都以同样的原因拒绝了救援。剧透警告：后来，这个人淹死了。到了天堂以后，他问："上帝，这是怎么回事？我明明请你救我。"上帝看着他说道："老兄，我给你送去了三艘不同的救生船，你全都忽略了。"

朋友，上帝正给你送来各种各样的救生船，有些很大很明显，有些就如商店门口的乞丐主动提出要帮你把你刚买的商品提到你的车上去那么简单。不管怎样，赶紧上船！

记住《腓立比书》里的那句话："我深信那在你们心里动了善工的，必成全这工。"噢，天哪，我太爱这句话了。我相信这是真的，我也曾一次又一次地亲眼见证它在我的生活里应验。你会撑过这段时间的。一切都会过去的。不要因为一段艰难的时光，就让剩余的人生都走下坡路。

记住——有人正在祈祷能拥有令你烦恼的这种混沌，或许这样做会对你有所帮助。我的意思是，你认为特别艰难的事也许正是别人梦寐以求的心愿。我不是为了使你感到难过或否定你的艰难经历才这么说的，但这样的见解也许能帮助你意识到，你的混沌状态事实上是一个巨大的福祉。调整你的看法能创造奇迹。

最后，还记得蝴蝶效应吗？那么，让我们想象一只真正的蝴蝶，更具体一点儿，想象一条毛毛虫吧。毛毛虫很了不起，它们有那么多条腿，真的很酷。有一整套儿童书具体讲了它们多美丽。但如果毛毛虫选择永远做一条毛毛虫，如果它觉得变形带来的混乱对它来说太难以承受了，它就永远不会知道它本来可以变成什么样子。你认为改变它的全身不痛苦吗？你认为这不可怕、不艰难、不让它难以承受吗？当然不是。但如果它不克服恐惧，如果它不允许改变，从而变成真正的自己，我们就永远不会知道它到底多美丽，它就永远不会知道它注定会飞翔。

曾对我有所帮助的妙招：

1. **和自己一样的朋友**。比如，当我刚结婚的时候，我可以结交新婚夫妻；我也可以交企业家朋友，因为我就是个企业家；或者找在职妈妈、有儿子的妈妈、有年龄相仿的孩子的妈妈做朋友……她们全是上帝为你派来的救生员。有一个能与其喝杯酒并且绝对理解你的生活的人是一种恩赐。这样的朋友是帮助我振作的关键因素。

2.**优先权**。你可以保持房屋整洁、创立一家公司、在家带孩子或者通过一周健身七天来打造完美身材……但我认为你不能兼顾这一切,至少不能全都保持相同的进度。坐下来想一想对你来说真正重要的是什么,而不是对你的婆婆或你的女友们来说重要的是什么……想想对"你"而言真正重要的是什么,然后先做这些事。如果你的房子里一片凌乱,或者你需要等到明年才能开始训练半程马拉松,那么,这就是生活。

3.**盒装葡萄酒**。好吧,我在开玩笑。半开玩笑。我的确觉得你应该有一些能帮你放松的事情。对你来说,这件事可能是跑步、看家居频道或烘焙。不管是什么,找到一件感觉像是在犒劳或溺爱自己的事情。当你感到疲惫不堪时,你应该去自己的快乐小天地,好好地充电、重启。

第十二章

谎言：我需要让自己更加不起眼

去年，我参加了一个会议——有一个生活导师站在台上带你进入冥想或朝你大喊大叫、请你相信自己的会议。

我热爱这个会议的每分每秒。

由于我总在不断分析我是如何成长和变成更好的自己的，我感激我能采集到的一切至理名言。没有哪个人可以为你的所有问题提供答案，但你可以从这儿收集一些强大的思想，从那儿收集一些睿智的见解。我希望你可以从我这里得到一些切实可行的绝妙建议，但我从来不相信你会把这些话都当作福音。

于是我阅读、听广播。当我敬佩的某个人要开几天讲座传授智慧时，你最好相信我马上就会买票。正是在一个类似的经历中，我突然对自己有了前所未有的更深刻的了解。

"你更渴望得到哪位家长的爱？"演讲者问大家，"不是你更爱哪位家长……而是你更渴望得到谁的爱？"

我爸爸。

我想，也许很多女性都会选这个答案，但对我而言情况就是这样。事情是这样的，我做过不少心理治疗，其中很多都会这样问，我得处理一些类似的问题。所以，当演讲者问听众最渴望得到谁的爱时，我的答案是我爸爸。这一点我早就知道了，没有任何惊喜。

然后，他又问了一个改变一切的问题。

"为了他，你必须要成为怎样的人呢？"

意思是，作为一个孩子，你认为你需要做什么才能得到这个家长的爱？

"成功人士。"我对自己嘟囔道。这一点对我来说也不是什么新鲜事。正如我前面提到的,我完全明白童年时期做一个"表演者"是如何影响我的成年生活的。

"除此之外,"台上的人问,"你还必须有怎样的特点呢?"

"微不足道。"

我不经思索就脱口而出。在此之前,我可以告诉你,我从未这样想过。

这个想法从何而来?我到底想说什么呢?

我坐在椅子上,第一次认真思考起来。

我相信我的父亲总是以我为荣,但他很少开口表扬我,除非我哪件事情做得特别好。他工作非常勤奋,也非常欣赏最后的成绩。同时,因为他生活中从未有过任何榜样教他如何做一名好爸爸,所以对此他毫无头绪。他完全不知道如何与小孩相处。我从小就明白在大人周围时应该保持安静。我很快就学会了不要大惊小怪——如果爸爸不喜欢,我们最好不要发出任何噪声。有时候他也想跟我们互动,谈谈话,甚至一起玩耍,但大多数时候他只想我们保持安静。

随着慢慢长大，我越来越意识到这种不一致。

小女孩。

他是这样叫我的……并不是大家以为的那种亲昵的称呼。

"小女孩，你不知道你在胡说些什么。"

"小女孩，外面的真实世界会生吞了你。"

"小女孩，你最好快点儿长大。"

"小女孩"成了一句咒语。我很讨厌他这么叫我，但在那天的会议之前，我从来没有真正意识到这个称呼是如何影响我的——不仅仅是消极的影响，还有积极的影响。如果没有童年的那些经历，我就不可能成为现在的样子。如果没有我父亲灌输给我的职业理念，我也不可能取得今天的成就。这个会称赞我的成就的人，可能无意中也提醒了我在追逐梦想时有些过头了。如果你不愿意感恩过去的岁月里那些美好之处，你就不能责怪那些糟糕之处。挖掘我作为一个成年人的行为方式，可以让我克服那些不健康的习惯。

比如，我过去一谈到我的工作就特别不自在。如果你在一个派对上问我的职业，我会轻描淡写地说："噢，我是一个生活方式博主。"全然不提我白手起家创办了一家媒体公司，手底下有十一个员工；全然不提我们的客户中有一些是全球最知名的品牌公司；全然不提我的网站每个月有几百万访客；也不提我是一名作家、公众演讲家，同时还是一名母亲。提这些事情让我感觉像在自夸，感觉如果我提这些成就，也许会让别人不自在。

我不愿意自夸的很大一部分原因是，我很早以前就知道，我是一个完全不知道自己在胡说些什么的小女孩。做一个成功人士的同时还能做到微不足道，这对任何人来说都是一项不可能完成的任务。那天，在那个会议上，我明白了这个困境如何影响到了我的成长之路。

在过去几年里，我们公司曾经遇到很多巨大的发展机会，我却找了一个又一个理由将它们拒之门外。我担心我们会让客户失望。我担心我们会失败。我担心我不够聪明，不能带领团队达到新的高度。

现在写下这些话很难，因为我花了那么多时间来告诉其他女性要勇敢地追逐她们的伟大梦想。如果你问我，我当然会告诉你，我们勇于挑战自我，实现跨越式发展。但当我认真地审视自己的

谎言：我需要让自己更加不起眼

生活和公司时，我发现了一个事实：我在让自己看起来微不足道。我表现得刚好能引起注意，但并未做我自己，因为我害怕知道人们会如何看待真正的我。

我到底是谁？

我是一个妻子和母亲，我也梦想成为一个真正的媒体大亨。我正在努力奋斗，想让自己的生活方式媒体公司再创新高。我梦想拥有足够的年收入，这样这群为我工作的了不起的人——这些冒险帮助我实现梦想的人——就能拥有属于他们自己的家，还清助学贷款，在一个阳光明媚的度假胜地度过梦幻般的长假。我梦想创立一个支持女性追逐梦想的非营利组织。我正在努力创办一家我的孩子们长大后也能为之努力的公司。我觉得我们消费的媒体可以积极地改善我们的生活，通过创建可以激励和鼓舞女性的媒体，我们能真正改变这个世界。

我为自己规划了很多目标和梦想，它们全都不渺小。它们宏大、疯狂而充满希望。它们需要信仰、勇气和许多冒险精神。除非我开始接受自己性格的每一面——包括那些让别人感到不自在的方面——否则我无法实现梦想，我将不会实现梦想。

那天，在那个会议上，我突然想到，我不能仅仅因为别人难以接受全部的我就只活出部分自我。

几周前,在另一个会议上,我看到这一幕在我周围的其他女性身上重演了。她们是四百个鼓舞人心、具有企业家精神的女性,我却不断听到她们反复说着同样的事情:

"嗯,这只是我的爱好。"

"这不过是我的兼职。"

"我的工作是一名妈妈,但这是一份非常好的临时工作。"

各位,这些女性可不是随便在网上卖车库里的老古董的一般女性。这些女性经营着大公司,领导着团队。她们中有些人每年挣几十万美金,而我反复听到的却是爱好这个词。

这让我意识到,我不是唯一一为了让其他人感到更自在而让自己看起来微不足道的女性。

让那些不理解我们的人来全力支持我们确实很难。总结一下,你会发现这正是我父亲的问题的核心。他不知道该如何跟一个小孩打交道,更别提一个小女孩了。因为他不理解我,所以他经常无意识地不让我显露我身上使他不安的特点。

有时候，在职女性要在男权社会体系里奋勇努力才能艰难前进。在职母亲遭到了那些不理解我们的工作欲望的公婆或父母的反对，全职妈妈也抨击我们很多时候不在孩子身边。我敢打赌，全职妈妈同样会被不能理解她们的选择的在职女性批判。这就好比我们都是在一个游乐场里玩耍的孩子，大家都尽量说一些别人想听的话，尽量隐藏别人可能不会理解的那部分自我。这让我想知道多少女性只活出了一半的自我。通过这样做，她们否定了造物主为她们打造的那个自己。

你真的认为创造了你——独一无二、优秀的你——的上帝希望你因为害怕可能会让别人不快而否定真正的自我吗？我不相信这是真的。我越想这个问题，越相信是上帝创造了这样一个我。他知道我会热爱工作，他也知道我渴望完成一些伟大的梦想。同样，他知道他的另一个孩子注定要在家养育她的漂亮宝贝，也知道他的另一个女儿根本不想要孩子。

你是否一生都因为害怕别人的看法而保持静默呢？你是否是一个因为担心你婆婆的看法或降低大家对你的期望值更保险而把自己的事业称作爱好的企业家？你是否因为觉得自己不够聪明而在犹豫要不要重返学校？你是否因为已经确信自己会失败而阻止

自己大胆地去尝试？你是否会在明明有很多话要说的时候保持沉默？你是否相信，因为你的原生家庭，你绝不会比现在做得更好或变得更好？你是否因为害怕别人笑话你或批判你的选择而不敢大声地承认自己的梦想？

女孩啊。

多年前，我一直生活在这样的恐惧中。我担心如果你知道了我多热爱工作，也许你会怀疑我是如何一边做一个成功的母亲一边做其他事情的。在过去的十年里，有太多人曾质疑我对孩子的爱，而这影响了我对在职母亲的最终看法。从抱有作为母亲的负疚感到接受自我是一个漫长的过程，我也是在收养了女儿以后才明白这个道理。当我的女儿六周大的时候，我必须出差一次。我走后，有人问我作为一名在职母亲是如何理解母亲的负疚感的。这是一个带给人很多思考的问题，也是一个我相信大多数母亲——不管是在家做全职母亲还是去工作——都曾苦恼过的问题。

在过去十年里，我对于母亲这个角色有很多思考。现在我有了一个女儿，我的思考就更多了。

我的决定是……

我拒绝教她这个信息。

我绝对拒绝教育她这个理念——只有一个家长对她以后会成为什么样的人负有最终责任。我是被两个在职家长和一个众所周知的村庄养育成人的。

我不会赞同这个理念——有一个全职工作的母亲意味着没有人爱她和好好照顾她。

我不会让她相信,职业与她多爱她的伴侣和孩子有什么关系……

我不会告诉她,男人的工作就是在外打拼,女人的工作就是照顾好家庭。如果她选择待在家里做家庭主妇,我们会全身心支持她,但我们绝不会教她只能做这种女人。

这一点很重要,因为社会将告诉她的哥哥们,他们有无限的选择;而她只会被媒体告知,她的世界是有限的。

让我领悟到这一点的原因有很多,但大部分原因是我的丈夫一次也没有被人问过是否因为有一份工作而感到内疚。

随着慢慢长大，我的女儿会知道外面的世界的真相。虽然我并不希望她得知这些，但我无法控制这一点。不过，我可以控制我自己要为她做一个怎样的榜样。我是她的母亲，我相信我的女儿诺亚，相信早在她出生之前，上帝就为她设定了她在这个世界的位置，从而创造出了这个令人敬畏和惊叹的她。

我相信你也是这样。

我相信你不是一个错误。

失去自我有几百种方式，最简单的方式就是拒绝承认真正的自己。

你——真正的你——不是一场意外。

你的那些梦想都不傻，它们是你神圣的使命的路线图！不要袖手旁观。不要让其他人对你的看法决定你的价值。不要错过你面前的活出美好的可能性的机会。

你不是注定要渺小。

你不是一个小女孩。

你是一个成年女性,现在是时候长大了。变成上帝召唤你成为的那个人吧。

曾对我有所帮助的妙招:

1.**愿意冒犯他人**。我这里说的冒犯不是指"讲一堆关于你妈妈的笑话"。我的意思是,要接受不是每个人都能理解或支持你的事实,包括你身边最亲近的人。如果你和我以前一样习惯取悦他人,那你就很难做到这一点,因为我的本能就是确保每个人任何时候都喜欢我。于是,我决定走出惯性,不再去过度关注别人的想法。我集中精力做最好、最可爱的自己,别人是否赞同不关我的事。

2.**一个大胆的声明**。对我而言,它是一个文身。多年来,我一直深藏着一个心愿,那就是想要一个文身。但我担心其他人会怎么看我。有一天,我顿悟了:我得决定自己到底是谁。我们在活着的每一天里,都在选择一种生活和一个角色。我们选择成为一个热爱烘焙和普拉提课程的全职母亲。我们选择成为一个热爱咖啡店和手工商品的时尚达人。我们选择成为一名跑马拉松和只吃有机食品的律师。我们自身角色的每个方面,不管我们在这方面精通多少,都是我们每天的选择。这一点让我大开眼界。虽然听上去很奇怪,但当我意识到这一点并顿悟时,我的心里冒出来的第一个想法是:"我要在手腕上刻一个文身!"

3.一场与导师的邂逅。很多时候,我需要一段广播、一本书或一个会议的见解来获得洞察力。如果你想知道自己是否在抑制部分自我,或者是否有一些渴望完成的梦想,那就开始学习专门谈论这些内容的资料吧。也许你不会使用你听到或读到的任何词语,但你会获得一些智慧,来帮助自己度过这段艰难的时光。

第十三章

谎言：我要嫁给马特·达蒙

尽情嘲笑我吧，但这就是我曾珍藏多年的梦想。我曾多次谈到我对马特·达蒙的迷恋，其中多半是因为这很可笑，而我活着就是为了让别人发笑。这也是一个轻松的笑话，因为人们很难去理解一个看似聪明和理智的人相信自己会嫁给一个素未谋面的明星。但真实情况是，曾经有一段时间——事实上，在我人生中的很多年里——我最大的人生目标就是在洛杉矶的某个角落找到马特·达蒙，然后实现我的梦想。

我高一那年的大部分时间都在反复看《心灵捕手》。如果你需要的话，我现在还能为你背出整部电影的台词。我一遍遍地申请米拉麦克斯影业公司的工作机会（因为他们出品了《心灵捕手》这部电影，十八岁的我就以为马特·达蒙会随时出现在公司大厅里）。住在家中的最后一年和在洛杉矶的第一年里，我一直幻想马特·达蒙是我的金甲骑士，这个幻想给了我很多前进的动力。我甚至幻想了每个细节：我们会如何相遇，我会穿着怎样的衣服，我们会在哪里结婚，我们的房子会是什么样子，我们的孩子会长什么样子……当我发现自己身处荒凉的现实中时，这些幻想就像隧道尽头的光亮一样一直指引着我前行。我发自内心地认为那就是我奋斗的方向。

我在米拉麦克斯工作了一年以后，在一次派对工作中，我终于遇见了马特。他从剧场后面直接朝我走来。我的意思是，他直直地朝我站的地方走了过来。我的心狂跳起来，因为这跟我想象中的场景一模一样——他看见我了，然后莫名地知道我们注定要在一起。一到达我的听力范围之内，他就开始说话了。

"打扰一下。"他说。

"就是这样！"我想。

"你知道我应该坐在哪儿吗？"

他之所以跟我说话，是因为他是一个明星，而我是一个手中拿着剪贴板的女服务生——并不是因为他感觉到我们注定要在一起。我把他带到指定座位后就离开了,他并没有向我求婚,甚至没有发出约会的邀请。

在洛杉矶住了一年以后,现实生活让我明白,我之前的那些想象不过是儿时的白日梦罢了。

后来,我有了新的梦想。这次是一个不那么惊天动地的小梦想,但我同样着迷。

我想要一个路易威登皮包。

确切地说,我想要一个路易威登迷你包。

有些人可能不熟悉,这是一款经典皮包,大概有一个常规足球那么大,当时的价格是一千美元出头。

一千美元。一个和我的头差不多大的包。

这很荒谬,但我还是想要。我想要它,因为它代表着我梦想成为的那种女性。

住在洛杉矶的第一个夏天,我常常去逛比弗利购物中心。比弗利购物中心是比弗利山庄里一个非常奢华的商场。当时，除了六美元的停车费以外，我根本负担不起任何东西。尽管如此，我还是会四处逛逛，看看橱窗里陈列的商品，梦想日后某一天的场景。就是在这样的一次闲逛中，我看见了我有史以来见过的最有魅力的女人——至少是我希冀的未来形象的一个缩影。她的头发颇有光泽，妆容精致，服装也很有品位，而且她的手上提着一个路易威登迷你包。更赞的是，她在包上系了一条复古的围巾，把它变成了我在现实生活中亲眼见过的最经典的样子。那一刻，我被这个完美的典范迷住了。总有一天，我会像那个女人一样收拾得优雅体面、潇洒时尚。总有一天，我会拥有一个那样的包包。

我怀揣着这个梦想很多年，深知这只是一个不可能实现的幻想。对我来说，花一千美元买个包包简直难以想象，但我还是极力想象我如何使用这个包。我想象我会在哪里使用它，以及如何根据季节或我的衣着来调整包上的围巾。我想象了很多细节，一段时间以后，我想出了一个可以帮我实现梦想的方案。有一天，我会创立一家公司，这家公司会有愿意出大价钱的真正的客户。第一次有人给我一张一万美金的支票作为咨询费时，我就去给自己买那个包。

各位，我花了好多年才实现这个梦想。

几年来，我作为一个三流婚礼策划师，到处奔波忙碌；几年来，我努力建立我的工作口碑，积累客户名单；几年来，我从收费七百五十美金到一千美金再到更多。每当我去比弗利购物中心时，我都会专门经过路易威登专柜，透过玻璃盯着那个包包看很久。每当开会和谈合同时，我都心怀着这个梦想。每当碰到难缠的新娘和喝醉酒致辞的伴郎时，每当为了保证我的客户不会失去保证金而在婚宴的最后一晚打扫酒店地毯上的五彩纸屑时，我都会想，我要买那个迷你包！

拿到第一张一万美金的支票那天，我直接开车去了银行，然后从银行开车直驱比弗利购物中心的路易威登专柜。走出专柜的那一刻是我一生中最骄傲的时刻。

一个皮包很酷，一种对马特·达蒙的迷恋就……也许该用"有意思"这个词来形容。但为什么现在提起这些事呢？为什么其他章节的内容既有分量又严肃认真，这一章却告诉了你一个随意而离奇的谎言和一个我曾迷恋的皮包的故事呢？

因为我认为，我详细地编造梦想的能力就是我得以完成梦想的最大原因之一。我是说真的。别对这句话一笑而过。仔细想想，我的成功很大一部分来源于我的想象力。我不是指蒂姆·波顿式的想象力。我指的是选定一个白日梦，然后把注意力放在它上面……有时候需要好几年。

我最常被问到的一个问题是我是如何保持上进心的。最近我一直在努力为大家提供一些切实可行的主意：跟能激励你的人在一起（不管是在现实生活中还是你的社交网络里）；听一些励志类的广播；大声播放律动的音乐，直到你感觉被鼓舞了；弄清楚可以激励你的事项，列一张清单，然后反复做。但这些听起来就像那些你很可能已经听过的建议，那么，重复这种信息又有何意义呢？我宁愿研究一下什么能对你产生重大影响，即使这听起来有点儿奇怪。对我而言，重大影响就是展望一个非常具体的未来。

相信自己会嫁给马特·达蒙这个梦想相当疯狂……但正是这个梦想把我带到了洛杉矶，指引我奋力争取到了在米拉麦克斯影业公司工作的机会，而这又让我开启了活动策划人的事业，遇见了我未来的丈夫。既然我缺乏明确的方向和真实的愿景，那就幻想出一个。我抓住了未来的某个可能性，这样我才知道该往哪个方向奋斗。一路上，我逐渐成长，也逐渐明确了自己的目标。但如果没有那些幻想，谁知道我会怎样——更重要的是，如果我陷入了没有梦想的冰冷现实，我会如何逃避那些艰难的时光？当我梦想得到那个皮包时，我更大的目标——比如挣一份体面的工资，为我和新婚丈夫共用的银行账户做一点儿贡献——看起来简直遥不可及。它们让我感觉太不现实了。

但把大梦想变成一个小目标——于我而言，就是买一个皮包——是可行的。在追逐梦想时，下定决心很好，但还不够。你必须花很多时间思考你能为实现这个梦想而做的一切。它看上去是怎样的？它感觉如何？你能想象得多具体？你能想象得多真实？因为关键在于，我的目标对我来说非常真实。我对自己能实现这些梦想这一点从未有过丝毫怀疑。我有十足的把握——无论是对马特还是那个贵得离谱的手提包。梦想最终是否会实现并不重要，重要的是，你如何指引你的人生航船开向一个明确的方向？当海面波涛汹涌或者船搁浅在岩石上时，你如何保持航线呢？你得把目光保持在地平线上才能做到这一点。

对我来说，我的白日梦就是把目光保持在水面上的一次尝试。当生活中充满了艰辛和黑暗，难以导航时，一个清晰的目标可以让我集中注意力。我怎么向你推荐这个方法也不为过。

你有目标吗？我会再次告诉你：把它写下来。我不是开玩笑，而是认真的。写、下、来！具体地想象一下。只要有时间就关注它。变得健康会是什么感觉，你的衣服会多合身？或者关于你梦想中的工作——你第一天去公司工作会是什么样？第五十天呢？有了这个工作以后，你下班时间会干些什么呢？你会有多开心？我也喜欢直观的可视化图片。我把目标的可视化提醒图贴在我的衣柜里，这样每次我穿衣服时（嗨，这件事每天都会发生）它们都能提醒我。

它们是什么？

我知道你会问。

第一张是《福布斯》杂志的封面，上面刊登着白手起家的百万女富翁的照片。第二张是夏威夷度假屋的照片。这两者都是我多年以来的心愿……度假屋尤其感觉超级梦幻而难以实现。我的目标是在四十岁时拥有它……所以，我还有五年。

各位，我不能告诉你们，多少次我感到疲惫、气馁或无论其他什么时，我都会闭上眼睛想象在梦想中的夏威夷度假屋里庆祝自己的四十岁生日的场景。我的朋友、孩子、丈夫以及家人都在那里，我们都喝着精致美味的鸡尾酒。我穿着一件华丽的长袍……因为当你有足够的钱买属于自己的夏威夷度假屋时，你就可以穿任何你想穿的衣服了，我才不要束缚我的腹部。那个生日派对和那栋房子在我的脑海里栩栩如生，当我陷入困境时，它们能帮我集中注意力。

有时候，这些白日梦也能起到分散注意力的作用。

当我进行长跑或马拉松训练时，我就是靠着我的想象力这个主要工具来关注其他事情的。当我进行第一次半程马拉松训练时，我唯一的目标是完成的时候还活着。第二次训练时，我的目标是比第一次跑得稍微快一点儿。这意味着经常有效训练，做长跑和节奏跑训练，以及不断鞭策自己。这很难，各位，而且很伤我自二十世纪九十年代跳有氧踏板操以来就再未锻炼过的肌肉！

当我跑步时，我就用这个技巧来完成任何大运动量的锻炼——你也可以随意使用。这很荒唐可笑，甚至有一点儿尴尬，但对我来说每次都很有效。

我相信，是明迪·卡琳发明了"有氧运动幻想"这个短语——她锻炼时想出了很多故事来娱乐自己。如果不是她发明的，那就请哪个人帮我注册一下商标，我打算下一本书写这个内容，还会生产一系列运动服。

我的有氧运动幻想是，我通常会在一次特别艰难的锻炼中想象盛大而疯狂的场面。有时候我耳机里的音乐能带我坚持到底，但当坚持变得困难时，身处困境却顽强不屈的人（这里指的是我）就会想象自己正和乔治·克鲁尼在他位于科莫湖畔的房子里度假。

尽情嘲笑我吧，但我发现，有氧运动幻想越是稀奇古怪，我越是能坚持更长的时间，而且根本注意不到我的肱四头肌已经在尖叫了。

难道你没有自己的有氧运动幻想吗？把我的借一个给你吧。这些都是（不，我是认真的）我的法宝。你觉得我只是在说笑，但我以宇宙人希曼的名义发誓，这些真的是我所想的：

和你的偶像做好朋友。不知你是否知道，我是你一生中见过的最大的书呆子。千万不要和我聊书，除非你真的想要仔细探讨，因为我会让我自己难堪。这个世上再也没有比黛博拉·哈克尼斯更让我想见的作者了。因为我是一个超级书呆子，我还知道她住在离我每周跑步的区域相对较近的地方。我喜欢想象这个具体的场景：她也在相同的路径上跑，我认出了她，然后我们成了最好的朋友，接着每周见一次面，一起散步，讨论她下一本书的复杂的故事情节。

和明星一起度假。关于乔治·克鲁尼，我可没开玩笑。我喜欢想象我是一大群明星夫妇的一分子，正在一个超棒的地方度假。在这个场景中，我的头发总是很有光泽，我的妆容总是如詹妮弗·洛佩兹那般清新特别。我为大家下厨，令人惊讶的是，那些超瘦的电影明星也喜欢我做的烘肉卷和砂锅菜。他们问哪里能买到我的烹饪书，而且大家都很爱我，因为作为一个身价几十亿的媒体大亨，我出乎意料地务实。

和莱昂纳尔·里奇同台演唱。我的 ipod 里有很多莱昂纳尔·里奇的歌，所以，这算是一个无奈之下的幻想。在我的某个大型生日派对上（就让我们假想是夏威夷的四十岁生日派对吧），莱昂纳尔已经是我们家的一个老朋友了。他突然上台表演，给我惊喜。唱到某个部分，他拉我上台，于是我们就一起唱了……其实我在现实生活中唱得并不好，但在这个想象的场景中，我凭借一首《在天花板上跳舞》惊艳全场。然后，应大家的要求，我们又合唱了一曲令人难以忘怀的《你好》。几年以后，朋友们还记得："天哪，蕾切尔，你还记得那次你和莱昂纳尔合唱《你好》吗？"

瑞恩·高斯林或海姆斯沃斯三兄弟爱上了我。我很胆小，不敢对这些帅哥有任何幻想，但我很愿意想象在某个场景里，我看上去完美无瑕，非常活泼机智，以至于这些帅哥中的某一个情不自禁地爱上了我。出于礼节，我只能告诉他，我已经结婚了，并且我的婚姻很幸福。但我还是可以幻想他们会爱上我，这个幻想可以一直陪伴我到九十岁。

有些幻想可以帮助我们实现目标，有些虽然很傻气，但可以让我们进行一些思考。如果你问我，我认为它们全都很有价值。而且，你的幻想一定不同于我的！也许是治愈了一种罕见的疾病、与奥普拉共进晚餐、与罗斯福一起谈论政治或者与伊迪丝·赫德一起试礼服。重点是,你不会想着面前的困难,你只会把目光保持在水面上。

所以,不要再嘲笑我的书呆子气了,找到你需要的一切动力,今天就开始采取一些行动吧。

曾对我有所帮助的妙招:

1.**写下来**。这一点我不能再强调了:一涉及制定目标,你就必须要写下来。好的,也许不是和马特·达蒙相关的目标(那时我才十几岁好不好!),但如果你有一些梦想,那么,一笔一画地写下来将是一件很有威力的事情。

2.**大声喊出来**。说出你的目标同样很重要,因为我们通常连承认它们都需要很大的勇气。当你说出你的梦想时,确保你是以一种坚决的方式说出来的。说"我要拿下组织心理学的硕士学位",而不是"我会尽量重返学校"。开车时,只要没人能听见,我就会在车里大声地宣告自己的目标。我宣告这些目标,就像是在做公告……就好像实现它们只是时间问题。

3.**做一个愿景板**。我衣柜里的那些照片对我来说意义重大,它们经常提醒我自己想发展的方向。这样的直观手段对那些不太相信自己的梦想的人来说真的很有帮助。借助其他人的愿景，帮助自己在脑海中画出自己的梦想。

第十四章

谎言：我是个糟糕的作家

出版了第一本书《派对女孩》后，我会时不时地（此处请读作"每隔十一秒"）上网查看读者对这本书的评论。作为一名为了打造自己的科技商业研究名牌而经常浏览网上的评论的超级书呆子，读别人对我所写之书的评论感觉太激动了！看到读者那些暖心的话——尤其是我正绞尽脑汁写续集时——对我是一种莫大的鼓舞。我不止一次因某个嘴甜的粉丝解释她为何爱我书中所有人物的留言而感动落泪，我边读边想："对！这正是我希望你从她身上看到的一点！"一连几个月，我都沉浸在这个完美的世界里。老实说，我都不知道还有其他现实存在。然后有一天，这种美妙的感觉突然中断了。

我读到了第一条差评。

很难描述我看到有人给我的作品两颗星时的感觉……就像有人在我的肚子上打了一拳，然后是脸上，接着肚子上又来了一拳。我进入了我想称之为"批评悲痛"的早期阶段。第一阶段很明显是否定。我读完她的评论，然后又读了一遍。事实证明，无论我读多少遍，她都认为我的作品"平庸"和"可笑"。下一阶段呢？在现实生活的悲痛阶段里，接下来应该是愤怒，但在"批评悲痛"里，至少对我来说，相信差评比相信好评容易多了。不，我一点儿也不愤怒——我直接进入了交涉阶段。我习惯取悦他人的脑海里浮现出来的第一个念头是回复她，试图让她明白我写这本书的意图。更妙的是，也许我可以想个法子，跟她成为朋友！因为，当然，如果我们成了社交网站上的熟人，然后成了网上好友，那么她就会了解我，自然也会更好地理解我的作品了。当然，她就不会如此讨厌这本书了。

随着我慢慢进入批评悲痛的最后一个阶段——接受，我感到胃疼。我觉得，如果这个陌生女人说对了，那么也许其他人只是对我太宽容了，因为这是我的处女作。也许这个人才是一个公正的裁判，而我，事实上，是个糟糕的作家。

我感到天旋地转。

这时，我听到我的头脑里传来了那个常救我于水火之中的微弱声音。不，不是上帝，不是《木偶奇遇记》中的小蟋蟀，更不是我的内在自我。我脑海中的这个声音来自我的心理咨询师丹尼斯。上帝保佑她。

几年前，丹尼斯告诉那个比现在年轻的更忧心忡忡的我："别人对你的看法与你无关。"

让我再说一遍，好让坐在后面的人都听到。

别人对我的看法与我无关。

别人对你的看法与你无关。这句话对那些习惯把别人的意见看得高于自己的人来说太重要了。当我们创作时，这句话也尤其重要。也许你的创作是一本书、一个博客、一家公司、一件艺术品或你的时尚品位。你发自内心地创作，是因为你无法不去做。你创造它，是因为你相信自己的作品值得面世。你努力、努力，然后闭上眼睛祈祷它能被人认可。但你创作的这件神奇又神秘的作品有一个问题：你之所以创作，是因为你有这方面的天赋。你把它当作一件送给自己和赐予你这种天赋的上天的礼物，但你不能迫使别人也喜欢或理解它。

你得愿意让你的作品面世，即使别人不喜欢，即使别人讨厌它，即使别人才给两颗星或一颗星也不给。你得明白，地球上的每个人都有自己的看法，而他们的看法——即使他们是这方面最被人认可的专家——只有得到你的认可才有意义。一条苛刻的评论不能把我变成一个糟糕的作家。我可以写得很差吗？

噢，当然可以！

我写的每本书的第一稿（以及二稿和三稿）基本上都是垃圾。如果我拒绝接受我信任的编辑的建设性意见，如果我不逼自己在写作方面成长，如果我一遍遍地重复同样的故事，或者，更糟的是，如果我去模仿别人的风格——那么，是的，我的作品很可能会失败。但仅仅因为别人不喜欢或不理解它，就认为自己的作品很糟糕，这可不是我的风格。

艺术和创作是很主观的，而且见鬼的是，找到完成任何事情的勇气和动力也是很难的。所以，我的姐妹，如果你打算全力以赴去做一个项目，那么你真的想让一个浅薄的意见使之搁浅吗？

作为一个艺术家或创作者，你得做一些决定。你得决定是勇敢选择一条属于自己的道路，还是余生都活在对别人的看法的恐惧中，慢慢消磨自己本可以做出一番成就的天赋。你得知道，比起关心作品是否会被人认可，你更应该关心如何发挥自己的天赋和让世人看见你的作品。

这项任务说起来容易,做起来难。

当我坐在我最爱的当地咖啡馆里写这一章时,我已经查看我的浏览器大概三十次了。今天早上,我在一个我供稿多年的网站上发表了一篇文章。我谈了一些颇具争议的话题——至少,这与我一贯发表在那里的文章非常不同。所以,现在我想知道,会有人理解吗?它会得到认可吗?更糟的是,它会触怒别人吗?

尽管入行多年,我还是会被"也许我是个糟糕的作家"或"我应该基于我是否会有读者这一点来决定是否写作"这样的谎言迷惑。我开始相信,我需要公众意见来证实我的创作欲望。而事实却是,我应该欣然接受自己的创作能力,因为这是一种天赋。每当我想尝试一些新鲜事物时,我都得尽力摆脱想要确保它会广受喜爱的欲望,才能继续下去。既然我期望自己能长久地保持创造力和尝试新鲜事物,这就意味着,在未来的几十年里,我都会时不时地陷入被毫无意义的焦虑所包围的困境。

真是浪费精力。

我宁愿压抑自己的创作思想和想法吗?不。我希望它们能找到归宿……即使它们只能引起少数人的共鸣。于是，我必须问自己，如果我的作品可以引起他人的共鸣，那么我是否愿意冒险承受差评？如果只有一个人理解，其他人都讨厌它怎么办？如果没有一个人喜欢它怎么办？

如果是那样，这一切还值得吗？

值得。

我的答案是值得。不管反响如何，我都宁愿让我的作品问世。我宁愿为庆祝我有这方面的能力这个事实而创作。

对我而言，答案就是创作。答案一直都是这样。我个人的创作形式是写作——尤其是写一些我希望能给别人带来享受的文字。

所以，我有两个选择：我可以写出我的心声，让它们面世，希望它们找到归宿；或者，我可以把我的光芒藏在斗底，因为我太害怕有人会不喜欢耀眼的光芒。

我选择这样做。

我选择坐在咖啡馆里、飞机上和我的厨房柜台旁写作。我选择在足球训练之余,在日出前,在夜深人静、其他人都沉沉入睡后挤出时间来不停地打字、打字再打字,直到我笔下涌出足够的句子来出版一本书。

我不知道你会喜欢还是讨厌我的作品。

很显然,我希望你去挖掘它,并买一百本送给你所有的朋友。但是,即使你不这么做,我还是会在这里。

我开始写作时是孤军奋战,身边没有一个读者。只要我脑海中有一些想法,我就会写下来,不管有没有人会接受。

当我还是个小女孩时,我每个星期天(以及其他大多数日子)都是在我爸爸担任牧师的那座小小的神召会礼拜堂里度过的。我们唱赞歌时,妈妈负责弹钢琴,房间里散落着的几只铃鼓也会派上用场。我们不约而同地跑调,唱出只有在乡村小教堂里才能听见的三部和声。

随着我慢慢长大,我体验了大型长老教会音乐的庄严、市中心唱诗班的欢乐和大教会的舞台效果的震撼。我在埃塞俄比亚参加过一个小小的祷告会,虽然我一个字也听不懂,但感受到了每个字的力量。我一生中很多时间都在教堂里唱歌和鼓掌,然后逐渐明白了一个道理：

写作对我来说是一种独有的崇拜方式。

崇拜的定义是"对神灵的情感表达或崇敬之情"。创作是我能想到的表达崇敬之情的最好方式，因为我意识到，创作欲望是上帝赐予我们的天赋。有自由时间和安全场所来创作是一种无上的恩赐，尤其是在当今社会，很多人既没时间又没场所。每当我沉浸在艺术创作里，丝毫不担忧公众会如何看待我的作品时，这就是一门最纯粹的手艺。而手艺可以是任何古老的事物。对我而言，它就是写作。对你而言，它也许是绘画、编织毛毯，或每周四晚上一次芭蕾课。一件事情好不好、有没有意义，全看你如何理解。如果你不在乎别人会怎么看，那么你做的一切就都很了不起。

我希望你能终生铭记这个道理，我希望你会为自己而创作。为了庆祝自己的天赋而去创作吧，不管他人持何看法。

曾对我有所帮助的妙招：

1. **不再读评论**。这很重要，各位。自多年前看了那条关于《派对女孩》的差评后，我不知道你们是怎么看待我写的其他作品的。也许你们喜欢我的书，也许你们拿它们来点火……不管怎样，都不会影响我继续写下去的欲望。每个人都会被评论，尽管你只是问了问你那个爱评头论足的姐姐的意见，然后就被她的回复伤得体无完肤。今年大胆一点儿，不要再"阅读"别人对你的评论了。

2. **为自己而写**。我写女孩们生活在洛杉矶的爱情小说。我写奶酪蘸料类的烹饪书。现在，我正在写一本关于我生活中的困难与胜利的非小说类图书。这些看起来好像都没有什么道理。作家一般只写一到两类书，他们在少数领域里建立自己的影响力。我的底线是这样的：写作是我的艺术手段，是我发挥创意的有效途径。写作对我来说意味着我在实现自己的毕生梦想，因此，我把它看得很神圣。它从来不是，也绝不会是我的工作。我不需要靠它来挣钱或者去体现我的价值。这一点对我来说很重要，因为我绝不想我选择做这些充满创意的事情是出于金钱或商业的考虑，而不是出于我内心或大脑里的想法。如果你能在能力范围内为自己保持一点儿创意，这真的是一种恩赐。

3. **享受傻里傻气**。我和我的儿子们一起涂色。我在人行道的地面上用粉笔画画。我看youtube上关于如何画闪亮的烟熏眼的视频并模仿，尽管我并不需要去应酬。我愿意尝试傻里傻气、独具创意的事情，虽然它们没有什么实际意义，但能给我带来快乐。

第十五章

谎言：我永远不会从这件事中走出来

既然我谈论的是我曾在生活中奋力挣扎并成功克服的艰难往事，那如果不提那件我曾认为我永远不会释怀的往事，就是我的疏忽了。所有经历过真正的伤痛的人，不管事后是否受到影响，都应该听听这个故事，好知道并非只有他们经历过这些。

伤痛有很多种——巨大的、微小的、童年时的、成年后的——虽然我们并未主动请求加入，但我们都属于同一类人。我们在发现类似的情况和听到别人的故事时会从中感受到团结一致的力量。下面是我的故事。

我的大哥瑞恩很风趣，也特别善良。他有一种超乎常人的能力，能随手拿起一件乐器，在一天之内就凭聆听自学成才。他长得很帅气。那时候我不知道这一点,因为那时我还很小,没有那方面的审美概念。当我现在回看当时的照片,看到他那自信的笑容和那双惊人的蓝色眼睛时,我才意识到他多好看。当我还是个小女孩时,他是我最好的朋友和固定的玩伴。我现在还能清晰地回忆起我们俩在我们的房间里玩字母游戏的场景:"我的名字叫卡拉,我要去加利福尼亚州卖野苹果。我的名字叫大卫,我要去特拉华州卖狗……"

作为一名青少年,他是我的守护者。他教我如何对付恶霸,如何打拳,如何把一根拉面从鼻子塞进去再从嘴里拉出来。也许他和别人家的大哥没有什么两样,但他是我的大哥,我很爱他。他是我的大哥,直到我十二岁左右,他的精神病发作了。

在我满十五周岁前,他自杀了。

我知道这句话承载的现实多沉重。但现在,我承认了这个最糟糕的事情——关于我哥哥的疾病和它给我们的家庭带来了毁灭性打击的丑陋真相。

我不知道该如何轻描淡写地谈论这个话题。我不知道如果不讲述我自己的故事,我还有什么办法来支持那些也经历过沉重的伤痛的人。没有多少人愿意告诉别人自己的家里有一个边缘性人格障碍患者。没有多少人愿意告诉你，他们的同胞兄弟有严重的抑郁症和强迫症，他还没到学车年龄就看了许多医生，服用了无数稳定情绪的药物。

很少有人会告诉你，在我大哥情况最糟糕的时候，他拿到了一把手枪。等我发现他的时候，他已经变成了一具尸体。

我不想谈论之后的噩梦，或者我经历了怎样的可怕的恐惧。在之后的几年里，每当遇见沉睡的人、坐着的人、不动的人，我都以为他们一定也死了。我不想谈论当一些充满好意的家庭成员来清理他的房间时，他们是如何用那天我们手头仅有的油漆来粉刷房间，遮住那面血迹斑斑的墙壁的。我不想告诉你，正因为如此，现在看见银喷漆我仍然会想吐。我不想告诉你那些已经深深烙在我的脑海里的可怕场景，也不想告诉你当时我因为太害怕而没能陪在他身边，直到医护人员赶到——时至今日我仍充满愧疚。我不想谈论作为一个受到惊吓的十四岁少女、一个愤怒的十七岁少女和一个纠结自己需要做点儿什么来弥补他的离世的成年人，我经历了多少心理咨询。我不想告诉你，因为担心我的丈夫和孩子们也会出什么事，作为一种病态的心理应对机制，我曾多次着魔似的计划他们的葬礼。

我不想告诉你这些隐藏、丑陋、黑暗的事实……但我还是这么做了。我告诉了你一些阴森可怕的细节，因为我想让你知道，我一度以为自己没法儿挺过来。曾有一段时间，即使我的面前有一个美好的未来在等着我，我也只能看见鲜血、恐惧和失败。

但我现在还在这里。

你们也是。

我现在还在这里，因为我拒绝让任何事情或任何人决定我能拥有什么。我现在还在这里，因为我拒绝让我的创伤说了算。我现在还在这里，因为我不会让一个噩梦比我的梦想还要强大。我现在还在这里，因为我不允许苦难使我变得弱小，我决意让它使我变得强大。

最近我在看托尼·罗宾森的纪录片《我不是你的精神导师》。他说："如果你要因为你生活中的不顺而责怪你经历的那些坎坷，那么你最好也责怪它们给你带来了美好！"我很惊讶，居然有人能用如此切实的语言来解释我对大哥去世这件事的感觉。你不应该承认创伤也带来了积极影响……这一点非常不正当和不健康。寻找积极方面貌似不对，因为那意味着感恩发生在你身上的可怕的事情。但我现在意识到，如果你不去寻找你经受的那些糟糕的事情的积极方面，你就白受了这个经历带来的痛苦。

我愿意献出我的一切来换我哥哥的生命——来换他的平安和健康。失去他让我伤心欲绝，我差点儿就被这件事给摧毁了。我的神经、睡眠、安全感受到了严重影响，更糟的是，由于曾目睹这一切，我对他人的信任也很可能已被严重摧毁。所幸，相反，我战胜了脑海中的那些负面想法。即使当时我只是个青少年，我也常常会想："你可以战胜这一切，蕾切尔。你可以无往不胜。想想你都经受了什么！"

十七岁搬到洛杉矶那年，我只身一人，一无所知，几乎养活不了自己，但我不愿向恐惧投降。我住的是一间破旧的公寓，吃的是99便利店里的食物，挣的钱只够勉强交房租。这一切都不算真正可怕。我已经经历了真正的恐惧，所以知道其中的区别。

当我生第一个小孩时，五十一个小时的分娩过程让我筋疲力尽、虚弱无比。这时，我的内心独白提醒了我自己多强大。"你经历过比这更糟糕的事情，你都挺过来了……你曾经和死神站在一起，所以，你当然有强大的力量来帮助这个新生命降临到世上！"我跑过马拉松。我创立了自己的公司。我鞭策自己把事业发展到他人难以想象的高度。一直以来，我都深知我有能力做到这一切，因为我知道我经历过更糟的事情。也许如果你没有经历过任何艰难险阻，你就会发现这个想法很愚蠢或者很狡猾。

但有别的选择吗？我们经历了一些糟心事，然后就这样了吗？我们就完了吗？我们就让生活中那些艰难凶险的部分把其他的一切都变得毫无意义了吗？

你不能忽视你的痛苦。你不能完全把它放下。你唯一能做的就是设法拥抱它带来的积极影响——即使你得花好几年才会明白那到底是什么。

失去我哥哥是我一生中遇到的最糟糕的事情……但它没有决定我的生活。你可以经受把你的生活搅得天翻地覆的事情。你可以经受一部分心死的痛苦，但你不会丢失你的内在核心。你不仅可以渡过这个难关，还可以因此变得强大。你可以做到这一点，因为这是你应得的。更重要的是，好好活着是你对已逝之人最好的纪念……即使那个人是年轻时的天真无知的自己。

经历艰难险阻或极度创伤是一个人能遇到的最困难的事情之一。但不要理解错了，唯一的出路是争取走出来。伤痛和创伤就像一个剧烈的旋涡，如果你不奋力往上游，就会被吞没。有时，尤其是在一开始，你必须使出全身的力气，才能把头露出水面。

但你必须把头露出水面。这非常困难，但你很坚强。虽然当时你感受不到，但你仍在呼吸。这就意味着，你正在与想把你冲垮的湍流奋勇搏斗。别让它得逞。我保证，过一会儿踏水就容易多了，最后你将学会逆流而上。你接下来要面临的挑战会锻造你的肌肉、骨骼和肌腱——你整个人的方方面面都会因这个过程而得到发展。这是你经历的最艰难的旅程，当然……但你会因此变得更强大。你必须这么做。不然，这一切有何意义呢？

我过去常常天真地说"凡事皆有因"，但那是因为我还没有经历让我恐惧到怀疑这句话的事情。我不相信每件事的发生都有一个具体的原因，但我相信我们可以找到目标——即使是在解释不通的情况下。

曾对我有所帮助的妙招：

1.**去看心理咨询师**。我知道我前面已经提过这一点了，但在这种情况下，还是值得重复一遍。我无法得知，如果没有一个值得信赖的心理咨询师的帮助，我还会不会从我经历的这一切中幸存下来。咨询过程并不有趣，也不容易，我经常憎恨一周接一周地坐在一张沙发上反复重温那段伤痛，但如果我没有这么做，这件事就会一直萦绕着我。

2.**谈论它**。不只是和心理咨询师谈，也和至少一位你信任的人谈。我们新婚时，有一天晚上，我坐下来跟戴夫倾诉了瑞恩离世那天发生的一切。尘封在我心底六年之久的情景在我们面前徐徐展开。他并没有试图以任何一种方式来整理、调整或纠正我的感受。他只是安静地听着,通过这样做,他自愿替我分担了痛苦,使它不再那么难以承受。

3. 让自己主动想起它。瑞恩死后,我真的经常做噩梦,脑海中总有挥之不去的阴影。一个睿智的心理咨询师建议我每天设置一个五分钟的计时器,来强迫自己回忆当时的细节,直到计时器响了为止。我觉得他一定是疯了。但事实证明,知道自己会在某个特定时间想起它,这反而让我的大脑平静下来了,不再情不自禁地反复重温那些令我痛苦的场景。这也意味着我终于又能控制自己的想法了。我对这个妙招充满了感激,也反复把这个方法推荐给那些跟我一样经历过伤痛的人。我甚至把它写进了我的小说《甜美女孩》里,作为马克斯最好的朋友给她的建议。你真的需要写下你知道的一切。

第十六章

谎言：我不能说实话

我有勇气告诉你整个故事吗？

这就是我打这些字时问自己的问题。几天来,当我的脑海里充满问题、假设和分析时,我就会问自己,我会如何解释这一切……我怎么能告诉你这个故事?

老实说，我不想。

我想把它深埋在心底,希望如果它被藏起来就不会让我那么受伤了。但我又明白,当事情被埋藏起来时,我们就被恐惧、消极和谎言控制了。我不想让这样的事情发生。我想坦诚地面对我们的经历——主要是因为我不知道天底下还会发生这样的事情,我多么希望我当时就明白这一点。

这会改变我们的选择吗?

我不清楚。但我希望通过如实相告发生在我们家的事情,给其他潜在的收养家庭一些主动权和有用的信息。正是这个心愿促使我现在写下这些。我希望自己有勇气把这些写进这本书里,因为说真的,一直以来,我的事业都以绝对的诚信为基础……而现在我在犹豫要不要告诉你。

事情的经过是这样的。

在我怀我们的儿子福特时,我和戴夫决定有一天要收养一个小女孩。身为基督教徒,我们被号召要关心孤儿、寡妇和受压迫者。这些不只是《圣经》里的一些句子,它们是我信仰的宗旨。于是我们开始研究有何选择并着手跨国收养。我们的理由是——事后想起来还是很讽刺——我们害怕亲生父母的干涉。那时我们对很多事情的看法都很天真,我们担心宝宝的亲生父母会出现并要回宝宝。我们想,如果我们中间隔了一片大洋,就不会出现那样的情形了。最后,我们把搜索范围缩小到了埃塞俄比亚。

我记得当时我差点儿被无数的文书工作、血液测试和家访淹没。我不知道我们在这条近五年的道路上才刚刚起步，我非常不现实地计划、梦想和等待着，以为我们的领养中介很快就会带来好消息，说我们的名字正在领养名单上缓缓上升。我们在埃塞俄比亚的领养项目上一等就是两年。

第二年末，我们得到消息，埃塞俄比亚"暂停"了他们国家的领养项目。于是，我们的中介机构让我们考虑另一个国家的领养计划。我完全不知道接下来该怎么办。转向一个新的国家意味着一切从头开始，新的文书工作，新的会议，新的等待名单……我相信是上帝召唤我们到埃塞俄比亚的，也相信只要我们忠诚，他自有办法。我们决定继续留在那个项目里。每个月，我们都会收到中介机构写来的一封邮件。

"还是没有进展。"

"处理领养事务的政府办公室还在暂停服务。"

"没有消息。"

六个月后，他们完全关闭了美国人领养埃塞俄比亚宝宝的计划。

我一下子目瞪口呆，完全不知所措。如果上帝把我们召唤到这里，如果所有的努力、痛苦和恐惧都付之东流，这一切又有何意义呢？我曾多次幻想全家去非洲见我们的女儿，现在想来真是愚蠢至极。我第一次问了自己一些在之后几年里反复出现的问题："我们应该继续坚持领养吗？我们应该有三个可爱的儿子就知足吗？我们应该放弃吗？"

我本性不是一个坐着长时间思考问题的人。我也不是一个轻易放弃的人。我开始祈祷、思考，在网上到处搜索我们接下来该做什么。

也许我们应该在国内领养……也许我们经历了这一切，是因为我们注定要在美国收养女儿，而她还没有出生。这个答案感觉很贴切，于是我开始做更多调查工作。

我越查找已知的信息，越觉得我们应该通过寄养机构来领养。我们感觉被召唤到了埃塞俄比亚，因为那里有很多非常可怜的孤儿，我们觉得可以通过领养贡献微薄的力量。寄养在我看来是一样的。洛杉矶有这么多缺乏疼爱和关爱的孩子，而我们恰恰可以慷慨地提供这两者。在洛杉矶，你需要先同意做寄养家庭，才能进入领养计划。起初我们很害怕，不知道这对我们的家庭来说意味着什么，也不知道这会如何影响我们的儿子。后来，我们决定，让我们的孩子了解一下这个情况。告诉他们我们可以为那些需要帮助的家庭勇敢地站出来，这是非常值得的。

我们进入了从寄养家庭到领养家庭的系统。

当时我们不知道这条路多难走。我们不知道，我们会收养一个身体虚弱的宝宝，而收养部门居然不知道她有严重的医疗需求。我们不知道，她刚住进我们家三天，他们就给我们打电话，请我们收留她两岁大的姐姐——在短短几天里就从一个五口之家换到七口之家。我们不知道，处理和孩子的亲生父母的关系要如此小心翼翼，而他们在很多方面都还是孩子。我个人尤其不知道，三个月后，当女孩们最终还是被转走时，这件事会带给我多大的伤痛。

我因失去了寄养在我家的女孩们而感到悲痛，绞尽脑汁想知道为什么会这样，现在我才明白是这个漏洞百出的体系的问题。我以为，接下来我们至少要等几个月，才能等到领养机会。

没想到，三十四天以后，机会就来了。

我正坐在办公室里工作，这时我收到了社工发来的一封电子邮件，邮件的主题是"双胞胎？"。

我们从未想过收养双胞胎。我们甚至根本就没有报名收养两个宝宝。但很显然，我们曾同意接收第二个寄养女孩，这就使我们愿意考虑一下这个可能性。

我们得到的消息并不多，只知道这对双胞胎女孩刚出生三天，就被她们的母亲遗弃在医院里了……我们只有三十分钟做决定。我们在电话里讨论了很久，都快发疯了。双胞胎新生儿？我们能行吗？在刚刚痛失寄养在我们家的女孩后，我们做好迎接新宝宝的准备了吗？我们祷告了一会儿，最后，我们打给社工说同意。这是我们一生中最重要的一次决定。

经过四年漫长的等待，我们终于等到了这个电话。那天晚上，我们激动得难以入睡。我们花了几个小时给双胞胎宝宝想名字。去接她们回家那天，我们激动得什么也没吃。在医院等他们把宝宝们带到我们所在的房间时，我觉得自己要晕倒了。等我终于见到她们时——她们看起来如此可爱、如此弱小、如此漂亮，我感觉自己是全世界最幸运的人，因为她们是我们的女儿了。当然，我知道，从寄养到收养的过程中充满了障碍，但我们得到的信息让我们相信，她们和亲生父母团聚的机会微乎其微。我们把她们带回家，连续几天不眠不休，因为，好吧，你们知道的，她们是双胞胎新生儿。但我们毫不在乎。这是我人生中最快乐的时光之一。

四天后，夜里十点，警察按响了我们家的门铃。

多么刺耳和吓人的声音。那天晚上，当我听到门铃声时，我很惊讶，以为是包裹到了——对我们来说，可能性顶多就是这样了。大半夜的，门铃响了，而我的第一反应居然是："会不会是我订的杏仁奶油到了？"

这是我最残酷的回忆。在那一刻之前，我一直很天真，完全不知道我们已经身处一个残酷的真实世界。

不是联邦快递，而是两个警察。他们告诉我们，有人给虐待儿童热线打了一个匿名电话，说我们家之前的寄养资格有问题。

我站在我家的前廊上，身穿一条上面有很多爱心的平角短裤。我的大脑因缺乏睡眠而晕乎乎的，完全不理解从他们嘴里说出来的这些话是什么意思。

接下来的几天里，我才知道这种事在寄养系统里多常见。虐待儿童热线是匿名的，任何人都可以拨打这个热线。任何人都可以随心所欲地说一些话。他们可能心怀怨恨，想要以此来伤害我的家人，转移他们身上的注意力；或者出于一百万个我宁愿不去想的原因。我被这些事情困扰了很多天，而困扰并没有任何实际作用。不管我们说了或做了什么，我们都无法避免这个难关。这样一通电话的结果就是一次深入调查。

现在，让我先暂停我的故事，说调查很有必要。当然很有必要。虐待儿童是一项很可怕和可悲的罪行，如果政府不来调查，那么他们怎么保护寄养机构里的儿童呢？在理智方面，我明白这一点。而在其他方面，我不得不坐在客厅里，听儿童与家庭服务部门（DCFS）的某个工作人员问我的儿子们"爸爸妈妈特别特别生气的时候有没有互相殴打"或有没有人"摸他们的内裤下面"之类的问题。

在这种时候，我拼命地想为我的儿子们坚强起来。我怀里抱着一个八天大的宝宝，脸上尽力挤出微笑，对他们说："没关系的，小家伙，如实回答他们的问题就好。"

我的儿子们离开房间后，我一边默默抽泣，一边在那些授权文件上签字，允许DCFS办公室的人调出孩子们的医疗记录，查看他们的学校档案，并追问他们一些问题。

这期间，我的脑海里反复出现这样的忏悔："是我把我们推进领养这个坑的。是我把我的家人带进这个系统的。"我如此努力，想保证我的孩子们绝不会经历我儿时经历的创伤，但我还是不经意地给我们全家带来了痛苦。

我不知道怎么会这样。

我对领养过程中可能发生的事情想得太天真了。我以为最坏的情况不过是寄养机构里的孩子们经历的那些创伤……我从来没有想过我们会仅仅因为和这个机构有所联系就被无端攻击。我知道——我们知道——针对这个嫌疑，我们绝对是无辜的，但最后我们的档案会显示"不确定"，而不是"无辜"。因为，当他们调查针对我们的指控时，当事孩子还太小，不足以取证，这样他们怎么能明确判定我们是无辜的呢？这个系统不认为除非能证实你有罪，否则你都是清白的。相反，它认为，除非你被判定"不确定"，否则你都是有罪的。

在此期间，社交网站上好多人问我怎么一下子瘦了好多……他们想知道我在用哪种节食法，这样他们也能尝试一下。这是因为几周以来我们都要接受儿童保护部门的调查，他们坐在我们的客厅里质疑我们的人品，问我们是否曾经因为太生气而猛烈地摇晃宝宝。

"你确定吗，霍利斯太太，也许是在你真的很抓狂的时候？"

我几乎吃不下任何东西。没有药物的帮助，我根本睡不着。

这一切都发生在我们收养了一对双胞胎新生儿以后。

然后，在这个充满了痛苦和迷惑的噩梦中，我们发现，其实这对双胞胎女孩根本就不能被领养。她们的亲生父亲想要抚养她们。原来，他一直想要她们，而我们根本没有被告知这一点。她们从未真正符合被领养的条件。她们确实在收养系统里，但她们只是在父亲上庭前需要一个安身之处。当我们发现这个事实，并质问社工怎么疏忽了这么重要的信息时，她的解释是："一旦他退出，她们就符合被领养的要求了。"

坦白说，这种强词夺理很让人反感，但说老实话，我甚至不能责怪她。我不知道平均每周有多少孩子的档案要经她之手，也无法想象她急切地想要为多少孩子找到一张可以睡觉的床。所以，当她手上突然出现一对新生儿双胞胎，而她不能为她们找到一个归宿时（后来我们发现这种事的确发生过），那么，她会联系一个有资格一次性接收两个孩子的良好家庭吗？她会只提她们被抛弃了而刻意不提她们的其他直系血亲的信息吗——如果她提这一点，她们很可能会无处可去。她会为了保护一对脆弱的刚出生三天的新生儿而利用一个坚强、有能力的家庭吗？

可能吧。这就是发生在我们身上的事情。

我努力想向你们解释这个发现对我造成了多么严重的影响，但我就是找不到合适的语言。

在经历了四年的漫长等待以后，我们终于接到了一通可以领养一对双胞胎的电话。这通电话感觉就像是对我们多年的虔诚祈祷的回应。但很快，我们就陷入了噩梦。

她们离开我们家时，我有一种被欺骗、被戏弄、整个人都被摧毁的感觉。但有一点需要告诉你，让她们离开是我们自己的最终决定。在这个过程中，我们没有被诚信相待，所以，在这里我有必要实话实说：我们本来可以留下这对双胞胎。我们本来可以同意法院的判决，继续收留孩子们九个月、十二个月或十八个月。在此期间，孩子的亲生父亲每周有三次、每次有两小时的探望时间。也许最后我们还是会得到领养权。

我们做不到。

或者，我认为这样是不对的。我们本来可以这样做……但我的心已经被撕碎了，对这个系统的信任也消失殆尽了。

我和自己过不去。几周以来，我每天都在和自己的思想做斗争，想找到一些解决方案。"也许我们……但是如果他们……也许那个爸爸会……"

我也和上帝过不去。

主要是跟他过不去。

这一切有何意义？我们为何会落到如此地步？我们做了什么，要受到这样的惩罚？那两个小女孩呢？那两个我给她们取名并在她们接受治疗时几小时守在房间外紧张地反复踱步的小女孩呢？有着明亮的大眼睛的阿提克斯呢？稍微瘦小一些、需要更多拥抱的艾利奥特呢？主啊，以后会有怎样的事情发生在她们身上？

我一想到这些就哭了。

我哭得太多了，眼睛一直都是肿的。当我抱着她们时，我哭了。当我犹豫要不要抱她们时，当我警告自己不要对不能留在身边的人太过依恋时，我哭了。当我看到Instagram上其他新晋妈妈时，我哭了——几周前我还以为我们属于同一个团体。

发生这一切后，戴夫和我感到孤立无援。谁会理解我们经历的事情呢？当我们告诉别人我们正被指控做了一些与我们家的实际情况完全不相符，甚至我们闻所未闻的事情时，他们会相信我们吗？有人知道某个怀恨在心的匿名人士仅仅因为嫉妒就把我们拖进这个可怕的噩梦中是什么感觉吗？读到这个故事的人会摇摇头说"这就是你要收养孩子的下场"吗？

真是一团糟。真是糟糕透了——而这一切还没完。即使是在双胞胎离开后,我们也得继续接受调查——这不仅关乎我们是否适合做养父母,还关乎我们是否适合做所有孩子的父母,包括我们自己的孩子。我们已经打开大门,向他们公开了我们的医疗文件、学校档案,以及那些为我们的领养做担保的朋友和同事的联系方式——没有证据可以证实那个电话指控。

然而,这个过程令人恐惧。它令我厌恶和伤痛,感觉就像我们正在被虐待。我们无端被人攻击,好长一段时间都活在震惊中。

一直以来我都害怕写这个故事。我在犹豫要不要告诉你这个特殊事件,因为我仍然相信待收养的那些孩子需要有人替他们说话。但我想,要是我们对现实(虐待孩子的指控乃家常便饭)做了更好的心理准备——你可能会得到关于孩子们的错误信息或误导性信息;不管你的本意多好,你的心都可能会以你想象不到的方式受伤——如果有人提前告诉了我们这些,我现在就不会感到如此痛苦了。

也许我本可以做好准备的。也许这只是一厢情愿。"也许"这个词整天困扰着我。在这一切的痛苦、质疑和困惑中,我们还得做一个很重要的决定:我们要继续尝试领养吗?

我的本能反应是"绝不"。

我们再也不愿意尝试跨国领养和从寄养到收养了,于是我们只剩下直接收养这个选择。戴夫从一开始就倾向于这个选项,但我觉得跨国领养和寄养系统更需要我们。现在他问我要不要重新考虑,我需要快速做决定。

关于领养,最难的一点就是耗费在上面的时间。所以,即使我不确定要不要继续,我也知道,为了保证以后的领养机会,我们需要尽快开始一条全新之路。家访、血检、申请、几百页待填的文件……会花很多时间,但不幸的是,这一切都不能直接转入新的流程,所以我们还得从头开始。另外,我们对这个领域一无所知,完全不知道该如何开始。我们要经过一个国内的中介机构吗?我们应该找一名律师吗?一切都让人望而生畏,尤其是在我们刚刚经历了那样的事情以后。

我不能告诉你,我的丈夫在这个过程中表现得多了不起。如果你问大多数领养孩子的夫妻,他们一般会告诉你,最初提出这个想法的是妻子。根据统计,男人一开始都不太理解领养这个想法。当然,现实生活中也会有例外,但多数情况下,努力争取的是女人。我就争取了跨国领养的机会,后来,我又催促他考虑从寄养到领养这个选项。现在我心烦意乱,感觉不到一点儿希望,但戴夫鼓励我重新考虑。我会永远记得我们之间的这段谈话……我躲在后院里轻声哭泣，在这里，孩子们听不到我们的声音，而他正在争取实现我们想要一个女儿的梦想。

"是的，这很难！但我们的梦想不会因为变难了就消失，蕾切尔。即使要等更长时间，我们也会有一个女儿……时间总会过去的。我们不能放弃！"

是戴夫向一个领养方面的律师咨询了很多问题；是他打电话给朋友、同事和医生，弄来了我们需要的推荐信；是他在我写这一章的第一稿时坐在我旁边的地板上默默地陪伴着我。在他的假期的第一天，他铺开所有文件，把它们一份一份地传给了我们的新领养中介。

独立收养程序比我们经历过的任何手续都要令我胆怯。在这个过程中，孩子的生母将决定我们会不会成为她孩子的父母——这就意味着，我们需要与全国几千对夫妇竞争；还意味着，当出现一个与我们的条件相符的妈妈时，我们的律师会给我打电话，让我们打给一个陌生人，并和她进行一些最不现实的谈话。在开始的两个月里，这种事发生了三次。我想，令人乐观的方面是，我们在这么短的时间内就获得了三次机会，但事实——我想对你保持绝对诚实——是，这些经历感觉很残忍。我知道我不该有太高的期望，但当我和一个生母对话时，我很难保持冷静。通过电话，我知道她的预产期是哪一天。听她讲自己的故事时，我会忍不住想："噢，我的天哪，如果这个就是我们的孩子呢？如果我们四月就可以收养一个孩子会怎样呢？"

当我发现我们不是被选择的家庭时，我会因之前的盲目乐观而感到自己很愚蠢。我会想，这会不会全是在浪费时间？或许这只是一次不会有结果的痛苦经历罢了。我们到底会不会有女儿？我们还应该想要一个女儿吗？我会这样想。我伤心的是……我都有三个可爱的儿子了，有的家庭一个孩子也没有呢，我如此伤心是不是太不应该了？当我的脑海里充满了这样的问题时，我就坐在卫生间里放声大哭。我从未真正找到答案。

让我坚持下去的是信仰。有时候，这个信仰是如此脆弱，仿佛我都坚持不下去了。但它仍然在那里——那个鼓励我继续坚持的微弱的声音。"只差一步了。"上帝会悄悄对我说。"明天会更好。"戴夫也会这样告诉我。"有一天，我会把我的女儿抱在怀里，到时我就会明白我为何要这样苦苦等待她的到来。"我一遍遍地提醒自己。

在我们等待的那几个月里，信仰支撑着我。我不再像大约五年前刚开始这段旅程时那样英勇无畏或充满了冒险精神。我变得小心谨慎和犹豫不决。我在一条看不见的路上摸索着跌跌撞撞地前行。我选择前行是因为，虽然我知道自己会遭遇痛苦，但我也知道我会获得力量。我可以紧抓住六个月前发生的事情或五年的时光不放并充满愤怒，也可以放眼这一整个漫长的旅途，并感恩我们被赐予的一切。

我们知道世界上有很多无家可归的孤儿，不管是国内还是国际范围内。我们贡献过时间、金钱、祈祷和资源，来帮助那些根本不在我们能力范围之内的人。这就是我继续满怀信心的原因。

我们认识和关爱了四个可爱的小女孩，即使我们再也看不到她们了，我们的生命也因我们曾有过联系而变得更加美好。这就是我继续满怀信心的原因。

我们的婚姻因而变得更牢固了。如果一对夫妻一起经历了很多事情，他们的关系要么比以前更紧密了，要么会分开。戴夫和我共同经历了一大堆文书工作、面试、血检和攻击性的问题。后来，我们学会了如何去照顾有着严重创伤的学步儿童和整夜哭闹的双胞胎新生儿。我们一起笑过、哭过，一切结束的时候，我们变得更加勇敢、更加无畏，也更心意相通了。这就是我继续满怀信心的原因。

我可以想出很多因为我们经历的一切而出现的美好事物，这给了我继续前进的勇气。这就是我继续给生母们打电话的原因，即使这意味着事情不顺利的话我会失望、难过。这就是我继续为我们的女儿祈祷的原因，尽管我都不知道她是谁，也不知道我们还要等多久才能见到她。

这就是我尽管疲惫不堪也要保持乐观的原因。这就是我终究把我们的故事告诉了你的原因，尽管往事重提让我十分痛苦。最后，我不想让你看到一个历经漫长而紧张的过程才收养了一个小女孩的人。我想让你看到一个再痛苦也要坚持一次次爬起来的人。我想让你看到一个坚持满怀信心的人，她相信上帝为她规划的人生是宏伟壮丽的——尽管一路上并不容易。即使并不容易，即使现实充满艰辛，她也一直保持着无畏、勇敢和诚实。

曾对我有所帮助的妙招：

1.**果断采取行动**。鼓起勇气，坦诚地面对自己的本性或自己正在经历的事情，就像跳进池水最深处，然后在碰到冷水的一刹那就奋力往上游。这个过程不一定很愉悦，但一旦开始，很快就可以完成。你以诚实的态度面对生活的时间越长，保持诚实就会变得越容易。

2. 寻找其他说真话的人。多和一些与你一样忠于自己的感情并深受其苦的人在一起。他们可以和你聊聊感受，告诉你当时他们是如何找到勇气的。他们勇于承认困难，并顺利地度过了危机，现在才有资格跟你谈论，在这方面他们为你做了很好的榜样。

3. 研究和我的经历相似的故事。如果我们提前对洛杉矶的寄养体系有更多了解，就不会被后来发生的事情震惊了。现在我们总算从当时的阴影里走出来了，也认识了很多和我们一样的人，这使我们意识到我们曾经的经历是多么相似。那时我们感到很孤单，如果当时能主动寻找到一个理解我们的团体就好了，也许会给我们带来很多意想不到的帮助。

第十七章

谎言：我的体重决定了我是个怎样的人

一说起离婚，人们就会用到"不可调"和"一团糟"之类的词语。但这样的词语太轻描淡写了——对离婚给家庭带来的毁灭性影响来说，这些词语实在是太简单了。离婚就像一本书落在一栋乐高房子上，就像一发炮弹打在船首，撞穿了甲板，也顺带撞沉了旁边的一艘船。它从顶端开始，自上而下摧毁沿途的一切。所以，不是这样，用"一团糟"来描述离婚并不恰当。

恐怖、可怕、可恨、具有毁灭性——这些词更贴切一些。

我十六岁那年，我的父母正在经历一场恐怖、可怕、可恨、具有毁灭性的离婚闹剧。从我九岁起，他们断断续续地闹了这么多年。

在他们的婚姻关系的垂死挣扎阶段，我刚刚拿到驾照，得到一辆没人用而传给我的旧车。那是一辆一九八九年生产的铃木武士，还是手动挡——我完全不知道该如何操作。它在车道上一搁就是好几周，积满了灰尘——看着很碍眼，就像是在提醒我它没派上用场，我也没能力驾驶它。

我向我姐姐、姐姐的男友以及我妈妈都暗示过，希望有人能找一个周末或下午带我出去，教教我应该怎样摆弄离合器。要是我知道如何驾驶这辆车，我就能自己开车上学了。要是我知道如何驾驶这辆车，我就能找一份工作开始攒钱了。如果我会使用这个手动变速器，我的生活将出现无数可能性。

有一天，不知怎的，我爸爸决定亲自教我开车。即使那时我对如何开车兜风充满了兴奋，我也知道这是一个会带来灾难性后果的糟糕的主意。

爸爸的脾气特别不好。在我成长的过程中，我早就知道这一点了，但在这个特殊时期，他的脾气变得更糟了。当时我大哥瑞恩才过世一年，我们从这个阴影中才走出来一点点，还没完全释怀。

现在回想起来，我能理解当时我父亲其实是想通过教导家里剩下的唯一的孩子来努力回到常态。他还想用哥哥的这辆车教我学会开手动挡——这辆旧车使这一切成为可能，因为瑞恩再也不需要它了。

这对他来说会是一种怎样的感受呢——或者对任何一个犹豫要不要开着瑞恩的车带我出去的人来说呢？爸爸是如俗话所说的那样抽中了签才来教我的吗？他才是唯一足够坚强，可以抛开伤痛来做必需之事的人吗？也许别人会以一种不同的方式来战胜自己的情绪。也许我母亲会哭哭啼啼，我姐姐会大发雷霆，但我父亲……他强烈的情绪只会涌往一个方向：直接到达沸点。

那时我还不理解我的任何痛苦或伤痛。同样，我才十六岁，还不能理解父亲为何如此愤怒。我们会开到郊区去练车，因为那儿几乎没有别的车。我现在还记得我们俩在那条无人经过的乡间小道上，我父亲对着我们中间的空气大喊着指令："踩离合器！挂挡！给油！你要熄火多少次才能学会？"

他越大喊大叫，我越容易熄火。我越熄火，就越哭。我越哭，他就越愤怒。

我不知道这个场景持续了十分钟还是一个小时，只知道我越来越胆怯，直到我开始发抖。他终于要求自己来开。

我们一言不发地开回了家,一路上气氛相当紧张。

作为一个成年人,我现在可以理解他在面对我们几个孩子时多么努力地在控制脾气,也明白发脾气其实也让他十分苦恼。他做过总经理,当过牧师,后来又成了一名博士,在外面风生水起;而在家里,他常常不知所措。我现在懂了,但小时候我对此一无所知,大部分时间我都很害怕会惹怒他。在这样的情况下,在这样一种我确实失败了,而他对我特别特别生气的情况下,我多么希望——不是第一次——我是他失去的那个孩子。

他把我丢在家里就开车走了,我发现自己一个人站在空荡荡的房子里,心里充满了恐惧和困惑,胃里翻江倒海。于是我走进厨房。

我来自一个情绪化进食者之家,所以,我的第一反应是厨房里总有什么东西可以让我感觉好受一些。我发现有一盒还没拆封的奥利奥饼干,就拆开吃了两块。它们真是太好吃了,于是我又吃了一块。

我记得自己手里拿着饼干盒顺着橱柜滑坐在地板上。我来过这里很多次,美食很容易让我们得到安慰,在这一点上,它们从未让我失望。只是这一次,事情发生了一些变化。每吃一块饼干,我就哭得更厉害。然后我就吃更多。不知在哪一刻，我脑海里的烦心事也变了，不再和我爸爸以及他为何如此愤怒有关。我开始思考自己做错了哪些方面和为何要犯错。好的，我想，把它们全吃完。把剩下的全吃完。把这个房间里的东西全吃完。吃到你的外表和你的内在一样又难看又没用。

我坐在地板上，边哭边吃，直到感觉恶心。

这是我记忆里第一次狂吃，却并不是最后一次。

我关于自己身体的困扰——我看待它的方式和由此而来的看待自己的方式——不是从那天开始的，但我认为，它们在那天有了一次质的飞跃，从可能影响我的次要因素变成了我人生中首要的核心因素。我的体重不再如头发或牙齿一样仅仅是我身体的一部分，现在它可以决定我的价值。它证明了我在很多方面都很糟糕。

同年晚些时候，我得了传染性单核细胞增多症。我希望我可以告诉你，这是因为我和一个青少年吸血鬼激情亲热了，但事实上，我是因为喝了外面某个喷泉式饮水机里的水才得这个病的。我卧床不起一个星期，连吞咽都困难，更别提吃什么东西了。

大病初愈时，我瘦了很多。我变得非常苗条，简直不敢相信镜子中自己的样子。我想买这个型号的新牛仔裤。我相信我的生活从现在开始会变成我一直以来期望的样子。我会变得非常受欢迎，去参加舞会，吸引爱德华·卡伦的注意……我的意思是，作为一个穿二号衣服的人，一切皆有可能。我发誓我不会再胖回去。

但我很饿。我总是感到特别饿。我知道他们说没有什么比苗条感觉更好了，但我认为那是因为他们从来没有吃过烤干酪辣味玉米片。我很快就恢复了以前的体重，甚至比以前重了几斤。

十七岁那年搬到洛杉矶时，我敏感地意识到了自己作为一个穿十号衣服的人与周围是多么格格不入。我发誓，地理位置才是阻碍我减肥的唯一因素，这一次我一定要瘦下来。我准备办健身卡、跑马拉松、从此以后只吃沙拉——但都没有做到。一直以来的一有压力就狂吃的习惯意味着，自从搬来这里，我比以前更胖了。

我决定尝试减肥药。

我都不知道它们是什么牌子，以及我们是从哪里搞到这些药的，但一连好几个月，我室友和我就靠减肥药和"瘦得快"奶昔度日。这回真的有用。我瘦下来了，为我全新的苗条身材欣喜不已。当然，我还是一直有饥饿感，总是感到紧张不安，但我的身材看起来很棒。

我热切地盼望生活步入正轨，变得一帆风顺起来，并相信我的梦想很快就会出现并变成现实。我注意到，打量我的男人比以前多了，甚至到了一种开始困扰我的地步。不管我们去哪里，我都能感觉到有眼睛在盯着我看。我期望我们出去吃饭的时候会有男士主动过来付钱。我对每个在我周围十英寸范围内的男性都没有好脸色。当时我并不是完全清醒，但我也没有注意到这一点。

一天，我很早就下班回家了，无意间看向了窗户外面。街对面，我看见两只美洲蜥蜴正在一间公寓的窗户内晒太阳。两只我的股骨那么长的蜥蜴就这样在厨房窗台上闲逛。其中一只稍微转过头，看见我，就一直死盯着我。你一定会觉得这一段是我胡编乱造的，但我以生命向你发誓，我觉得那只蜥蜴正在直视我的灵魂。我被迷住了，忍不住一直盯着它看。我就这样盯着它看了感觉有好几个小时，而且我很确信，如果我不盯着它的眼睛（离我有几百英尺远）看，就会有糟糕的事情发生。就在某一刻，我记得我开始思考："我上次看见一个人是什么时候？这两只蜥蜴和我是世上仅存的生物了吗？！"那天下午，我舍友发现我的时候，我还保持着死盯着街对面的姿势。当我努力向她解释我的感觉时——在死盯着蜥蜴看了几个小时以后，我尽量保持理性——她问我："你觉得会不会是减肥药的作用？"

好吧，现在……

我很感激除了我和那两只蜥蜴以外，世上还有很多生物躲过了毁灭这一劫。我跑过去抓起减肥药瓶子，第一次读起上面的标签。副作用的第一条就是可能会引起极端妄想。该死的确凿的证据！

我停止服用减肥药，又开始吃固体食物。和以前每次减肥的结果一样，这一次，我的体重又迅速回升。

我希望我能告诉你，那次极端妄想（蜥蜴大决战）就是我纠结体重和减肥饮食的终结，但我不能。我尝试了各种各样的疯狂的事情。苏珊·波特瘦身法、苏珊娜·萨默斯终身美丽法、阿特金斯减肥书、莱安减肥餐、果汁排毒法、清肠净化法……每次我开始一项减肥饮食，都会不可避免地出错。一个"错误"（比如在一次生日派对上吃了一块蛋糕）就标志着我的减肥意志的全军覆没。一块蛋糕意味着我不妨把整个蛋糕都吃了，加上薯条、蘸料、比萨和我能拿到手的一切东西。我就会重演十六岁那年在厨房里狂吃奥利奥饼干的可恨场景。

我很小就认同"苗条的女人才美丽"这个观点。苗条的女人会陷入爱河，拥有英俊潇洒的丈夫。她们也会拥有成功的事业，当称职的母亲，穿最美的衣服。我不知道我是否曾经大声地说出这些话，但我绝对相信它们。

十六年后，这是一个我不愿承认的事实。我不想讨论我糟糕的童年、消极的自说自话或我曾相信的荒谬的谎言。我不想关注这些我曾错误相信的事情，但它们就像茶杯里的小裂缝一样，你只有把茶杯拿到亮光下，才能看到这些瑕疵。这些不完美覆盖了我的整个生活，有了它们，我才能讲述一个完整的故事。不管是好是坏，它们都是我的一部分。

后来，当我经历了初次怀孕和随之而来的孕期增重后，这个情况就变得更糟糕了。我太想和我在杂志上看到的生完孩子就穿着孕前的裤子离开医院的那些明星一样了。我产后发胖了二十多磅，这个状态持续了一年左右。减肥刚取得进展，我就又怀孕了。我想知道我到底还能不能减下去。

我想，讲到这里，那些典型的鼓舞人心、充满激情的励志书作者就会告诉你，一次寻找自我的旅途和很多次心理咨询帮助她领悟了，体重并不能决定她的价值。在这里，我应该告诉你，我很有价值，值得被爱。这一点绝对没错，但这不是我在这一章里想要表达的意思。我想写的也不是那种书。关于饮食、运动、体重和它们在我的生活里的意义，我想告诉你的是下面这些。

你今天的样子就很美。你有如此多令人惊讶的特质可以展现给这个世界，而它们只属于你自己。我相信你的造物主为你有这么丰富的特质而感到欣慰，当你发挥出自己的潜质时，他一定心存欣喜。

我也相信人们不是生来就应该身材走形和过于肥胖。我想，如果我们用足够的营养、充足的水分和适当的运动来用心照料我们的身体，那么我们也能在精神、情绪和体力上表现得更好。我曾相信，我的体重会决定我的价值，它会充分说明我是个什么样的人。现在我相信决定你的价值的不是你的体重，而是你对身体的关爱和照料。

由于我在媒体界工作，有多年的虽然并无此意却常常不小心触怒网友的经验，我已经知道这番话会惹恼一些人。我已经可以想象我会收到什么样的邮件。你或你认识的某人之所以肥胖，应该都有一些情有可原的理由。你经历过创伤……在一些情况下，食物就是你的应对机制。或者，也许我会听到相反的意见。也许你有厌食症之类的进食障碍。可能你虽然很瘦，但非常不健康，因为你的身体没有得到所需的营养。也许你每天都在喝酒，因为你是一个单亲妈妈，你正在经历一些非常艰难的事情。这些事情都无可非议，都是你没有好好照顾自己的正当理由……目前是的。

童年创伤不是无期徒刑。极大的情绪痛苦并不意味着你余生会一直这样。我知道这是真的，因为我就是一个选择从过去的伤痛中走出来,然后浴火重生的活生生的例子。我知道这是真的,因为世界上还有很多经历过更糟糕的事情的人,而他们每一天都在顽强奋斗。

你可以选择是否要原地踏步。你可以选择继续虐待你的身体,因为这是你熟悉的做法。你可以选择继续这样,因为这不费吹灰之力就可以做到。你可以选择就这样浑浑噩噩地过一生,因为你不知道还有其他选择,或者你不知道如何才能跳出这个怪圈。但请你千万、千万不要再为自己找借口了。请不要再告诉自己你活该过这样的日子。请不要再仅仅因为一直以来都是如此就觉得继续这种糟糕的生活是理所当然的。正如你长久以来一直选择如此生活,你也可以选择跳出这个习惯。

你需要健康起来。

你不需要变得苗条。你不需要瘦到某个特定型号、身材或能穿比基尼的地步。你需要跑得动而并不累到想吐的感觉。你需要爬得动一层楼的楼梯而不感到气喘吁吁。你需要每天喝一半体重(以盎司为单位)的水。你需要伸展四肢,睡眠充足,不再用药治疗每种疼痛和痛苦。你需要停止往身体里塞各种如健怡可乐和快餐等随后会转化为一百五十万热量的垃圾。你需要为你的身体添加一些未加工的原始燃料,为你的心灵添加一些积极、鼓舞人心的养分。你需要从沙发或床上爬起来四处走动走动,走出那片你一直生活在其中的迷雾,看看自己生活的真实面目。

你的造物主爱你本来的样子吗?是的!他赐予了你一副强健的体魄,哪怕有缺点,这也是一种恩赐。如果你继续虐待自己,这对你的灵魂是一种冒犯。

所以,不,在这本书里,我不会告诉你与减肥做斗争的答案是热爱并接受你自己本来的样子。在这本书里,我要告诉你的是,如果你真的想要练习如何自爱,那么你就要从爱护你的身体开始,首先下功夫仔细研究这为何会是一个问题。你以为,如果我不接受几年的心理咨询去刨根问底,我会理解我的情绪化进食问题吗?你以为,如果我不尽全力走出那件事的阴影,我会轻易和你分享那天狂吃奥利奥饼干的故事吗?你以为,在吃了一辈子的奶酪和肉汁以后,我突然奇迹般地明白了如何减肥吗?

不。我必须下功夫。

我必须学习和参加心理咨询。我必须尝试不同的运动,直到找到一些自己喜欢的方式。(对我而言,最适合我的是长跑和负重训练。)我必须在对健康饮食方式稍作调整之后控制住大吃大喝的欲望——我花了好几年才养成这个习惯。我必须让自己学会一些新的压力应对机制（比如，性爱对每个人来说都是双赢策略）。我必须弄清减肥的原理，发现减肥其实是世界上最简单的事情。世界上一百万种减肥食谱的存在都是基于同一个理念，那就是，如果他们能糊弄你或使你认为减肥有捷径可走，你就会买他们的商品了。事实上，减肥的原理从未变过。

如果你一天之内摄入的热量比你消耗的热量少，那么你的体重就会减少。仅此而已。

弄清那些对你来说好吃的健康饮食，或尝试一些锻炼方式……也许会很难，但请别让媒体蒙骗了你，让你以为减肥多复杂。在学习如何保持健康时，如果你有很多陈年旧习要改，那么从头开始学习对你来说也许会很艰难，但方法其实非常简单。要想因得到良好的照顾而变得健康，就得下这些功夫。

曾对我有所帮助的妙招：

1.**口头禅**。在我的第一部小说里，主人公去哪儿都要背诵一个口头禅："我很坚强。我很聪明。我很勇敢。"她很紧张，很没有自信，所以，她一天到晚反复说这几句口头禅。那本书是基于我在洛杉矶的早期岁月写的，那几句口头禅正是我以前每天对自己说的话。如果你一直认为自己的价值——或根本毫无价值可言——由你的身体、容颜或其他什么决定,这就意味着,你一直以来都在让消极对话控制你。你需要用一些积极的话语来替换那个消极的声音。你需要用相反的事实来替换它——这才是你最需要相信的东西。所以,为自己想出一句口头禅吧,每天对自己说一千遍,直到它变成现实。

2.**控制上网范围**。如果你正苦苦挣扎,想要达到一个特定的标准;如果无论你去哪里,都会看见一个优雅的有着完美、有光泽的头发的零号尺寸模特,如果每次你看到这个都会郁闷或焦虑,那么,请不要再接收这方面的信息了!取关Instagram上的模特们,停止浏览Facebook上这样的内容。让你的身边充满只关注如何变得强壮和健康的积极向上的楷模。我不是说开设美妆教程的女性或Instagram上的健身模范不好(我个人非常喜爱这些女人!),而是有时跟随她们的脚步毫无道理。聪明一点儿。

3.**做好准备**。凡事你想要做好,都必须提前做准备。如果你想要保证自己明天参加锻炼,那么你今天就需要打包,在你的日程表上做好计划。如果你想保证自己吃的是健康零食而不是你的孩子的金鱼牌饼干,那么你最好周一就花时间来准备一些健康零食。如果你总是等到最后一秒,你就不太可能完成任何事情。你想过一种健康的生活?规划一下你怎样才能实现这个目标。

第十八章

谎言：我需要喝一杯

我第一次喝酒是在十五岁。听起来很丢脸，但老实说，这是一次并无大碍的经历。那天晚上，当我在大姐克里斯蒂娜家过夜时，她让我喝了一口她自制的蜜多丽酸酒。她是用买东西附赠的塑料杯盛的酒，所以我们看起来还挺优雅。这种酒比莎当妮粉甜一点儿，看起来有一点儿只在放射性物质里才会看见的霓虹绿。我很激动可以尝试喝酒，因为这使我有一种成年人的感觉，但它肯定不是54俱乐部狂欢派对的入门毒品。

我第二次喝酒是在十七岁。我最好的朋友金姆和我一起喝了半瓶廉价的龙舌兰。它和枫糖浆一个颜色——那种留给白痴的青少年和离船休假的水手喝的高品质酒。我们把肚子里除五脏六腑之外的一切都吐出来了，还以为我们会死。

谎言：我需要喝一杯

我们没死，真是一个奇迹。我们的妈妈都没发现我们喝酒了，也没有冷血地谋杀我们，这也是一个奇迹。

我对头两次喝酒的经历印象太深刻了，因为它们很不寻常。我青少年晚期再没喝过酒，二十岁早期也很少喝。噢，当然，我也会像其他贫穷和困惑的大学年龄女孩一样喝一些葡萄酒……但喝酒从来不是我的兴趣。举办婚礼那天，我喝了几口香槟。度蜜月时，我可能尝试过几种混合酒，但那更像是奶昔。事实上，我记得新婚不久后，我们去参加一场晚宴，另一对夫妻跟我们说起他们喝很多酒。戴夫和我开车回家的路上谈起了这件事。

"你听到她说她喝多少酒了吗？真是疯了！"

我坐在我的城堡的玻璃屋顶上，批判我不理解的行为。

然后我有了孩子。

然后我有了孩子，酒成了我最好的朋友。鸡尾酒？它就像你只有在假期才能见到的最爱的表兄弟姐妹一样——我只有在特殊场合才能尽情享受。

有小孩之前，我从不理解为什么有人要喝酒。承认这一点是

- 235 -

不是很可笑或让人郁闷？然后，突然之间，我发现自己筋疲力尽，不堪重负，烦躁不安。我发现自己可以喝一杯，然后一切烦恼都奇迹般地消失了。

当我的儿子们开始蹒跚学步时，喝酒成了我的日常习惯。我经常下班回家，换上睡衣（因为酒吧是魔鬼的天下），然后给自己倒一杯酒，边喝边准备晚餐。

当我还是个青少年时，我看了《热铁皮屋顶上的猫》这部电影，然后爱上了伊丽莎白·泰勒和保罗·纽曼从一座南方种植园一路奋斗不息的故事。在改编自舞台剧的电影里，布鲁克变成了一个酗酒者。有一个场景是他在和大爹（由伯尔·艾维斯完美演绎）吵架时，他说他需要喝一杯。他不停地说，当他喝了很多酒后，他就会恍然大悟，然后会感觉好一些。

十几岁时，我觉得保罗·纽曼真的太夸张了，那个关于所谓的"恍然大悟"的描述纯粹是南方戏剧惯有的特色而已。但是，后来，我晚上下班回家后，也开始喝酒了。我不自觉地开始边喝白酒边等着自己恍然大悟。从喝第一口到第五口，我感觉自己开始放松。等喝到第十口时，我已经完全冷静下来，能更好更容易地去照顾孩子们了。

谎言：我需要喝一杯

我的喝酒习惯从晚上一杯变成晚上两杯，晚上两杯又变成每周七天的习惯，周末时还加量。

每天早上我起床时都有点儿想吐的感觉，有时还得吃布洛芬才能克服头痛。每天早上我都以为是荷尔蒙或缺乏睡眠的缘故。

我就是不愿意承认自己每天都宿醉。

在社交聚会或工作场合，我一进房间就会给自己灌一杯鸡尾酒或招牌酒。只要在人群中，我就会超级注意"做正确的事"。我想，如果我更放松，我就能更好地进行更有意义的对话了。

酒精给了我勇气。

它给了我教育孩子的勇气。它给了我和陌生人交谈的勇气。它给了我感到自己很性感的勇气。它用适当的酸度与和谐的口感冲跑了一些如焦虑、恐惧、沮丧和愤怒之类的东西。

我努力想回忆起我是在哪一刻突然意识到这一切对我多不健康的，但脑海里没有一个清晰的瞬间。我只记得有一天，我突然发现自己在说："我需要一杯酒。"

作为一个作家，我很注意措辞。在这平常的一天、这个瞬间，我发现自己用了"需要"这个词。

"需要"意味着有些事情是必要的、必需的。所以，我是怎样从觉得晚上喝点儿小酒可能会不错发展到认为它对我的生活必不可少的？这样想想很可怕。

很可怕，因为我家里有很多酗酒者，我不想自己也变成那样。我突然间完全停止了酗酒，放弃了一切类型的酒，直到我意识到自己不再需要它。戒酒大约一个月后，我发现世界也能照常运转，有一种更能控制自己的生活的感觉。我偶尔也会喝一杯，但当我压力很大时，我再也不会有需要喝酒的感觉了。

然后我们有了寄养小孩。

那年夏天，我们报名加入了洛杉矶的从寄养到收养系统。我们想也没想就加入了。回想起来，我们太喜欢和孩子们相处的时光了，太想做一些贡献了。我们应该在承诺任何事情之前先退一步思考一下。但是，那时我们不知道这一点。我们对即将发生的一切和这一切会多艰难太过天真，所以我们同意了。几周内，我们家就从有三个儿子的家变成五孩之家了。

那些日子真是一段唯美又混乱的时光。戴夫和我处于真实生存模式,我们每天唯一的任务就是在早上六点到晚上八点之间照顾好五个孩子。我们在院子里跑来跑去,在蹦床上蹦来蹦去,在游泳池里游好几个小时。我们设法处理寄养小孩严重的健康问题和她姐姐的创伤问题。我们每天要收拾一千次孩子们不小心弄洒的东西,每天至少三十次亲吻孩子们不小心擦破皮的膝盖,以及提醒孩子们都要保持和善。到了晚上,等他们在床上呼呼大睡时,我们就喝伏特加。

红酒?红酒已经是过去式了。红酒根本就不足以缓解我们感受到的那种疲惫、担忧和茫然。伏特加是我的护航员,我深深地感激它出现在我的生活里。我们开始一周处理几次生身父母的来访和带孩子们去医院。我们深陷于儿童与家庭服务部门中,并开始与我们身处的这个漏洞百出的系统做斗争。

你会如何带宝宝们去见那些根本就没管孩子的父母呢?你会如何抽出周六的半天时间,在麦当劳的游乐场里等那些也许会也许不会出现的瘾君子,然后把一个无辜的孩子交给他们,再看着他们残忍地抹掉你带他们的女儿取得的任何进步呢?你会如何在深知他们终会团聚,而你对此无能为力的情况下,还去做这一切呢?如果你和我一样,你就会找到办法。但到了夜里,没有人的时候,你就会喝酒;当一切都糟糕透顶时,你也会服用阿普唑仑片。

回顾当时,我为那时的自己感到深深的悲哀。我为那个每天需要喝酒的年轻妈妈和那个拼尽力气想勉强度日的女人感到悲哀。在某种程度上,我也感到有一点儿惭愧,因为如果我不想为自己而坚强,至少也应该为孩子们而坚强。我不想让他们知道我曾经用什么来掩盖充满伤痛的现实。这让我想起了我每周在麦当劳见的那个生母,也让我开始从另一个角度来考虑她的毒瘾。它还让我想到,也许某个读者有自己的应对方法。

在过去的一年里,我收到了越来越多苦恼于自己酒量的女性朋友的来信。喝酒不足以成为一个真正的问题,她们告诉我……目前为止是这样。目前,她们的家人和朋友以为她们只是派对中心人物,还不知道她们真正喝了多少酒。但她们担心这个问题会越来越严重。她们开始变胖和大手大脚。戒酒很难,因为喝酒实在太容易了。她们和不对孩子吼叫之间只隔着一口酒和一个"恍然大悟"。一点点酒就会让你从焦虑变得自在,或从沮丧变得满足。

别误以为用我从前喝酒的方式喝酒是一种治疗——生活有时会让人感到很艰难,让人喘不过气来,所以要喝点儿东西来让自己感觉好受一些。但它只能暂时解决问题而已。等酒醒了,我的问题还在那里。等伏特加的酒劲没了,我还得经历我人生中最不容易的经历之一;我还得为宝宝们收拾行李,然后把她们送上一辆车,让社工带她们回到她们自己的家庭。

你可以试着摆脱喝酒这个问题，但你不能永远摆脱你生活中的现实问题。第二天早上，它们还在那里，只是现在你处理问题的能力被削弱了，因为你的"药"让你变得更难受了。

事实上，只有一种方法可以恰当地处理生活中的压力，那就是建立一个健康的"免疫"系统（我想不出一个更好更酷的词来描述）。继续听我说，我保证这些类比很快就会有道理。

当你出生时，你毫无保护地哭喊着来到这个世界。你的免疫系统基本不存在，这就是为什么像我这样总爱担忧的人即使在盛夏也会把她们的新生儿包裹得像爱斯基摩人一样。等你长大一点儿，你会生病，很可能是因为你的一个哥哥把某种流感病毒从学前班带回了家。患上某种你从未得过的病可能会很可怕，但它对建立你的免疫系统来说又很有必要。一旦康复，你的身体就能永远对这种疾病具有免疫力，还能对抗相似的麻烦，因为它以前就成功挺过来了。

偶尔，我们会得一些我们的免疫系统不足以克服的疾病，所以有人会给我们开一些抗生素。在我还是个小女孩时，他们给每个病人都开抗生素！扁桃体炎？抗生素。拔脚指甲？抗生素。当我长大了一些、还没有生孩子时，医生们意识到，如果你过分服用抗生素，你的身体将永远学不会靠自己来打败任何病毒。你的免疫系统需要通过这个测试，它需要生病，从而学会使用哪些必要工具来对抗病毒。

你明白我说的话了，对吗？

我们经历的困难可以让我们获得力量，进而处理任何情况。你认识的那些最坚强的人，他们很可能已经走过了一些坎坷不平的路，已经学会了一些必要手段来很好地处理情绪。当他们遇到困难时，他们饱经风霜的身体就会依赖那些已经建立起来的良好抗体，让它们来处理这种情况。他们不依赖药物，因为他们有靠自己来处理一切的能力，他们知道依赖药物很可能会让他们变得脆弱。

我得让自己学会处理压力和面对伤痛的更好的方式。我得养成更好的习惯。喝酒一直是一种最简单的解决之道，它不费吹灰之力就可以做到，却最难戒掉。跑步、和女友们一起吃饭、祈祷、做心理咨询或允许自己大哭一场，这些方式最能让我获得力量，继续撑下去。这些习惯使我足以面对困难，这意味着我不再寻求简单之道。

很长一段时间以来，我都以为我需要喝一杯。也许你不明白这是什么样的感受。也许对你而言，"喝一杯"是处方药、美食或色情作品。或许现在你读到这里，心里正在想，自己永远不会做如此悲哀的事情。那么，我想让你好好审视一下自己的生活。我知道很多女人喜欢沉浸在电视节目里或阅读大量的爱情小说，因为躲在这些空间里，她们可以与世隔绝；躲在这些空间里，她们可以转移注意力，逃避生活中的困难。美食、水、避难所、健康的关系……这些才是你需要的东西。你硬塞进来的其他一切都是一根危险的拐杖——如果你足够强壮，完全可以自己行走，其实根本不需要拐杖。

如果你感觉自己不是那么强壮，如果你读到这里感到自己的灵魂很软弱……我想请你问问自己是否在竭力寻找力量，是否只是在寻求一个权宜之计。力量不是那么容易就可以获得的。

这就好比在健身房锻炼肌肉。首先，你得找到并突破自己的薄弱点，然后你才能把这部分的肌肉练回来。这个过程往往充满了痛苦，也很耗时——通常比人们预料的时间更长。正如你的免疫系统，你会在某个方面变强一些，随之而来的是一些你从未遇到过的困难。你得学会在一个新的领域成长，如果你经历过困难，那么这会让你感觉很沮丧。但只有打败这些困难，你才会变得更强大，你才会变成你注定要成为的那个人。

曾对我有所帮助的妙招：

1.**了解习惯**。我去年读过一本很棒的书，是查尔斯·杜希格写的《习惯的力量》。原来，我们的很多负面行为——喝酒、抽烟等——都是由某个特殊事件触发的根深蒂固的习惯。所以，对我来说，我感到压力很大，这就触发了喝酒的坏习惯。意识到我的触发事件后，我才得以用一个更好的应对机制来替代喝酒——对我来说就是和我的女友们一起消磨时光或一次长跑。

2.**承认现实**。自我意识是世界上必需的最重要的技巧之一。好几个月，我都忽略了喝酒的消极作用，直到有一天，我终于强迫自己承认了这一点。忽略这样的缺点很容易，尤其是当这个缺点被自我呵护或应付压力等外衣层层包裹时。但如果你不愿意首先承认这一点，你就永远不会解决这个问题。

3.**远离诱惑**。如果你正苦于喝酒这个坏习惯，那就远离酒精。如果你一有压力就大吃饼干，那家里就不要放饼干。显然，你真正的问题要比这些严重得多，但如果它们就在你的面前，你会很容易受它们诱惑。

第十九章

谎言：正确的路只有一条

我是在南加州长大的，但我还不如干脆在西得克萨斯州出生和长大呢，因为我长大的地方像得克萨斯州一样，卡车、口音和乡村音乐沿着尘土飞扬的田野向四面八方扩散开去。即使你不是在那里长大的，你也可能会注意到这座城市——贝克尔斯菲市，其实我家离这座城市还有很长一段距离。我被家人从医院抱回来，并成长为一座叫作维德派奇的偏远小镇的青少年。

维德派奇和周围的社区最早是由一群在沙尘暴时期从俄克拉荷马州迁移到加利福尼亚州的农民工建立起来的。你读过《愤怒的葡萄》这本书吗？或者，说得更准确一点儿，你在十年级的历史课上看过这部电影吗？

那些人就是我的父老乡亲。

我的父老乡亲来自俄克拉荷马州、阿肯色州和堪萨斯州。他们的长辈来自爱尔兰或苏格兰。也就是说,我们的祖祖辈辈都是坚强而骄傲的人,他们深深地扎根在他们的宗教和文化传统里。如果我的父亲是一名五旬节派牧师,我的祖父也是一名五旬节派牧师,那我就几乎不可能不受这个环境的影响,并且我从小就对什么是对、什么是错有一些坚定的想法。

我们社区里的长辈不会对别人指指点点,但我们的社区里只有和我们看法一致、行为一致和思维一致的人。我们都是白人、低收入者、保守派和严格意义上的教友,几乎很少与我们小镇方圆十英里之外的人打交道。

那时我不知道"不一样"是错的,因为我不知道还有不一样的人存在。

上初中时,有一次,我去迪士尼参加交响乐团的演出,担任第四单簧管手。这是我第一次在没有家人的陪伴下独自离家,这次机会让我切实地感受到了尘世的烟火气息。人们常说美国是一个熔炉,但我想说迪士尼是一个沙拉碗——没有人融合在一起,每个人都有自己鲜明的个性,光彩照人。我看见了各种各样的人。

我看见了由不同种族组成的家庭。成群结队的朋友在排队等饮料，而他们都来自不同种族。两个男人在马特洪峰附近手拉着手，我看到这一幕时惊讶得眼珠子都快掉出来了。即使是那些看上去和我很像的人，他们的个性也是我不能理解的：哥特风、校园风、紫色头发、穿孔、文身——我大开眼界！这是我第一次见识到和我不一样的人，除了像看动物园展品一样盯着他们看以外，我完全不知道该怎么面对他们。

我最近一直在思考一件事情——我小时候的理解和我现在的理念。这件事我思考了很久，因为我们周围有很多人在沙子上画线。虽然我很不愿意承认，但我理解这些界线——我曾经也画过线。一个被从种族到宗教再到穿的牛仔裤的价格等不同之处隔离的校园对我来说完全可以理解，因为我就是在这样的环境里长大的。但你不能以为小孩会永远无知。有一天，你长大了，知道这个世界上还有很多人和你不一样。你如何面对这个认识会在很大程度上决定你以后的人生。

我基于建立一个与其他女性互动的社区这个理念开创了自己的事业，这个虚拟社区里有来自全世界各地的人。这些年，我学会了一个道理，那就是，不管我们的外貌有何不同，我们之间的相同点都多于不同点。那些追随我的迪拜妈妈和马尼拉、都柏林或墨西哥城的妈妈有很多共同的担忧。我相信，上帝给我这个平台,是为了让我做一名优秀的引路人,给这个多样而美丽的群体引路。我还相信,如果我一开始就要求她们和我一样,我就不可能很好地关爱她们。

我是一名基督教徒,但我全心全意地爱你、接受你,想和你在一起并成为朋友,不管你是基督教徒、穆斯林教徒、犹太教徒、佛教徒、绝地武士,还是异性恋、同性恋、大约在一九八三年爱过瑞克·斯普林菲尔德。不止这一点,我觉得主动与不一样的人打交道使我变得更坚强、更优秀了。与那些和你长相不一、政见不一或想法不一的人打交道,虽然有时候会不舒服,但会帮助你进步,成长为最好的自己。

每周六早上,我都会去上一节街舞课。说明白点儿,我不是指健身房里的有氧运动操或尊巴舞,而是指一种实实在在、老老实实、"一边以我这辈子最快的速度移动身体一边数到八"的舞蹈课。

我跳得很不好。

该转弯的时候,我在做伸展动作;该后退的时候,我又在踢腿。想象一下这个场景:你的米尔德里德姑姑在克里斯特尔表姐的第三次婚礼上喝了太多白葡萄酒,然后想要在舞池乱舞。我跳起舞来就是那种程度的惨不忍睹。因为没有任何经验学这种舞蹈确实很难，因为我的同班同学是一些似乎一看就会的刚到婚嫁年龄的专业舞者，我不止一次问自己为何还要坚持在那里出洋相。

我来告诉你我为何还要坚持：除了我对二十世纪九十年代的音乐有着一种至死不渝的热爱以外，我真的很想跳得比以前好一些。我宁可克服困难，想方设法弄明白，不断提问和寻求指导，也不愿意待在舒适区里轻松度日，没有进步。玛雅·安杰卢说过："当你知道得更多时，你就能做得更好。"我想要知道得更多，这样我就能做得更好。

我用处理街舞课的方式来处理自己对社交的渴望。

我宁愿在一群有经验的专家面前出洋相，因为我愿意和他们站在一起，让自己一看就是个业余者。我宁愿一年或十年以后来回顾我现在写这本书时的不确定性，而不是为了保险起见只写一些轻松的话题。我的不确定性正是我想要成长的证明。

我们要考虑我们是否正待在自己或原生家庭为我们规划的安全区域里。如果我们从未接触过其他社区，那我们怎么知道如何找到适合自己的社区呢？你会因为我的一个理念而对我区别以待吗？你会因为我们意见不一就决定我们不能成为朋友吗？问问自己这个问题：为了建立有意义的关系，我们也许会一起进行的对话、努力克服的问题和必须采取的姿势，这些有没有可能会帮助我们成长为更好的自己呢？

我最好的一个朋友是同性恋、非裔美国人和墨西哥美国人。这三种非常强大的特点塑造了她今天的样子，她的故事里充满了力量、历史、美丽、信心、痛苦、同情、愤怒、真实和勇气。如果我从不知道她的故事会怎样呢？我，多年前曾在迪士尼乐园里盯着一对同性恋看，仿佛他们是某种展品。我，过去常常把"那是同性恋"这句话当贬义句来使用。我，过去生活在一个虚幻的泡泡里，从未和非白人女孩接触过。如果我一直保持那样的状态呢？我们刻意找了一座融合多种文化的教堂，这样我们的孩子就不会和我小时候一样只知道单一的世界观了，但如果我没有这样做呢？

如果我没有邀请我的朋友过来和我共度一小时欢乐时光呢？如果当我说了一些我现在想起来觉得很伤人的话时，她没有优雅地包容我呢？如果她没有约我出去，友善地向我解释为什么她认为我说的那个特别的词语极其讨厌，如果我们之间没有这种关系呢？如果我不愿意忍受克服长久以来无意识的偏见引起的不适感呢，那对我的工作、我的孩子以及他们成长过程中的信念意味着什么？除了获得知识以外，我从中得到的益处呢？那些我们一起捧腹大笑的无数的欢乐时光呢？那九百万张我们互相开玩笑的恶搞图片呢？那对在我和戴夫的艰难的收养之路上让我依靠着哭泣的肩膀呢？还有那么多度假时光、电影之夜以及我们一起在演唱会上看见布兰妮·斯皮尔斯的难忘经历……所有这些都将不存在。所有这些友爱、智慧和友谊都将被我们画在沙子上的线挡在外面。

几年前，戴夫的一个朋友和家人一起来到这里，晚上要过来我们家吃晚饭。这是我第一次见这位朋友和他的太太，也是我们的儿子第一次见他们的儿子。他们的儿子毫无疑问是我认识的最酷的人。由于他们住在另一个州，我们不能常常见他，但每次见面，我都会被他的风趣、睿智和坚强所折服。第一次见面前，我对他了解得不多，只知道他有些残疾。我不知道他是坐轮椅还是用步行器，很担心不知道怎样才能让他在我们家待得舒服一点儿。我不知道该如何提前给孩子们做做工作——我害怕他们会向我们的新朋友问一些不合适的问题或无意间说一些冒犯的话。我应该跟他们说说他的不同之处，解释这些并不重要吗？我应该确保他们明白，不管长相、行动方式如何，朋友都是朋友这一点吗？我应该尽我所能地解释他的残疾，这样他们就不会再提问了吗？

考虑如何向孩子们解释他的情况时，我的心里充满了疑惑和不安，但我很快意识到了一些事情。如果我这样做，无疑是在教孩子们在沙子上画线，无疑是在指出我们的新朋友和我们不同，从而无形中把他变成其他人。毕竟，在我的童年时代，"我们"和"他们"之间那种隐形、强加的不同（不管是有意还是无意的）使得他们看起来好像错了。所以，那天，除了告诉他们有个新朋友要过来一起玩以外，我选择什么也不说。我们的新朋友到来后，孩子们觉得他的步行器简直是世界上最酷的玩意儿。他们求他让他们试一试。他们在门廊那里跑上跑下，测试步行器的全部功能。他们从未和残疾的小朋友一起玩过，但那天他们完全没发现这有何特殊。这些年来，当我们与患有唐氏综合征、自闭症或大脑瘫痪症的朋友见面时，每次他们都是这样。他们的朋友圈由拥有各种肤色、各种宗教信仰、各种能力和来自不同家庭的人组成。与众不同对他们来说并没有什么稀奇，相反，这正是他们觉得正常的地方。我们的沙盒里没有任何界线。

如何做一名女性，并非只有一种正确的方式。如何做女儿、朋友、老板、妻子、母亲或任何你给自己定位的角色，也并非只有一种正确的方式。这个地球上每种风格都有很多不同的形式，美丽就诞生在这些天壤之别里。

天国就在这些天壤之别里。

每次街舞课快结束时，我们都会被分成小组来互相观摩对方的表演。学员们来自各行各业，每个人都汗流浃背、臭气熏天，但我们坐在一起为对方欢呼。想象一下，一大群下决心要刻苦学习的人聚在一起，只为给同伴们加油。你能看到其中的美好，对吗？这还不是最美好之处。坐下来互相欣赏的最美好之处是每个人对音乐节拍的理解都不一样。虽然我们学的是相同的舞步（嗯，他们学的是相同的舞步，但我跳的是什么就不好说了），但每个人的舞步都和别人不一样。那个从小跳芭蕾舞的女孩跳得更流畅、优雅。那个会跳霹雳舞的小伙子跳的是独一无二的风格。我们都在练习同一件事情……但我们风格迥异。

我们的不同风格看起来很美。

如果我们不假定自己知道答案呢？如果我们一直提问呢？如果我们不满足于自己的舒适区，愿意不断让自己去寻求更多精彩呢？这就意味着，我们会与其他女性建立一种精神层面的深沉的真正的联系，而不是一种肤浅的交流。

我们不用改变自己的整个信仰系统来使之成为现实。我们可以简单地调整一下自己的姿态，来考虑加入一个更宽大、更包容的社区。

如果我们调整自己的姿态，就会改变我们说话的方式。

如果我们调整自己的姿态，就会改变我们倾听的方式。

如果我们调整自己的姿态，我们会真正了解一个人，而不是将他们分门别类。

这一点在种族、宗教、政治联盟、性取向、社会经济背景以及任何我们能想到的范畴都适用。和那些与我们长相不一、思维方式不一或政见不一的人好好相处就是问题的关键——这是我们的战斗号令！"爱你的邻居"不是一个建议，而是一个命令，各位。如果你都不认识你的邻居，你打算怎么爱他们呢？我不是指在杂货店门口挥手打招呼，我指的是让自己跳出舒适区，与不同的人打交道……即使我们不知道他们是不是把事情搞砸了——见鬼，尤其是在我们认为他们把事情搞砸了的情况下。我们需要与更多人打交道，不是因为我们想要得知他们在某个问题上的认识，而是因为我们希望让自己的心变得更加柔软。

你的故事是怎样的？它是否只有同样的色彩和界线呢？你人生故事书里的所有人物是否都看起来一样、行动也一样呢？想象一下会发生什么——想象一下同样的场景看起来会多美，以及这对你的世界观或你的孩子们的世界观意味着什么——如果你加入不同的色调、不同的叙述和不同的对话。时不时挑战你的人生观意味着什么呢？如果你必须提更多问题，这意味着你对自己有多理解呢？如果别人看见你毫无偏见地敞开胸怀来欢迎新朋友了，这会如何影响他们的行为呢？如果我们把总是花在画界线上的全部精力都用来亲近我们的邻居，我们的社区会发生怎样的变化呢？

每天你都要选择自己的世界的外观。不管你是如何被养大的，也不管你从小到大被教育要相信什么，你都得决定，从现在开始，你的故事将走向何方。看看自己的人生故事书里的图片……它们是同一种颜色吗？

每年你都会结束自己的故事的一个篇章。请千万、千万、千万不要重复同一个故事七十五次，然后说这就是你的一生。

曾对我有所帮助的妙招：

1. **换教堂**。有一天，戴夫和我抬头一看，发现我们去了贝沙湾的一座教堂，那里百分之九十九点九的教友都是白人。这不是基督教主体应该有的样子。基督教主体应该由各种肤色、各种类型和来自各种背景的人组成。通过寻找一座拥有多种族、多元文化和各年龄段的人的教堂，我们找到了真正的组织。

2. **承认自己的位置**。承认自己做过一些伤人的事、说过一些伤人的话或相信过一些伤人的想法很不容易——尤其是在你根本没有意识到这一点的时候。但如果你不承认问题,你如何改变呢?看看自己的周围,你能发现多少不同?你的身边都是和你完全一样的人吗?如果是的,那就开始寻找新朋友和新体验吧。

3.**虚心请教**。我亲爱的朋友布里塔妮在很多方面都是我难以置信的好老师,因为她允许我问她一些种族、白人特权和无意识的偏见之类的问题。由于我的无知,这些问题可能会很伤人。她曾经告诉我:"蕾切尔,如果是你问我这方面的问题,我永远不会感到被冒犯了。只有当有人明明跟我不是一个种族,却想当然地以为他们了解真相时,我才会感到被冒犯了。"所以我提问……我虚心请教。

第二十章

谎言：我需要一个英雄

我这本书至少应该有一章标题和一首二十世纪八十年代的经典歌曲一样，是吧？得了吧，别假装你不记得《浑身是劲》里的角色在联合收割机后面互相打斗的场景了。这一幕可谓经典。其实它与接下来我们要讨论的话题毫无关系，但我只要可能就会情不自禁地想起凯文·培根辉煌的电影生涯。

说到培根……

我小时候有点儿胖。

并非两者一定有关联（也许还真有），但我确实没有大家口中所说的那种"运动细胞"。那时我是戏剧俱乐部的主席，一个还待

> *醒醒吧，**女孩***

在早已过时的女童子军里的尚未开始青春期的孩子，一个FFA的持证会员。以防有人不是在"人间天堂"长大的，这里友情提示一下，FFA指的是"美国未来农民协会"。

为了减肥，我试过几种体育运动。有一年，不知怎的，我居然成功地进入了高中网球队……但我对那一年的印象只剩下我们一起拍的一些照片，照片里的我袜子上破了个大洞，直到照片洗出来我才发现这一点。用穿着我姐姐的二手苏格兰裙拍的适合装在钱包里的照片来诱惑男生的往事大概就是这些了。

我每种体育运动都再平凡不过了，但说老实话，我不是很在意。我们每个人都有自己的天赋，我的天赋和运动可一点儿关系也没有。

然后，几年前，当我怀第三个儿子时，戴夫参加训练并跑了半程马拉松。我知道你在想什么，因为我肯定也在想这个问题——什么样的怪物会在老婆怀孕发胖时去把身材练到有史以来最好的状态啊？

戴夫·霍利斯，就是他！

他看上去太棒了，精力超级充沛，我忌妒得都要吐口水了！

虽然我从来没有想过要去长跑，但大着肚子不能跑的事实让我很恼火。

第二年，当他打算再跑一次时，我毫不犹豫地加入了。好笑的是，如果你在之前的任何时候问我，我都会开开心心地告诉你我特别讨厌跑步。也许我不是个体育健将，却是个好胜心极强的人。我想要证明给自己看，我可以跑十三英里而不会死……就像戴夫曾做到的那样。我想向我们的孩子证明，爸爸和妈妈都可以很强壮、很有力量。我还有点儿想看看，我是真的缺乏运动细胞，还是一直以来以为自己是这样而已。

于是我开始为半程马拉松而训练——如果你很好奇，这感觉就像是背了满满一袋布丁在沙地上奔跑。

一切都很艰难。一切都感觉很别扭。每跑一英里，都让你想吐。但我没有放弃，而且慢慢地——简直太慢了——我变得比以前强壮了，跑得更好了，每次能跑四分之一英里。

事实证明，其实我是一名相当不错的长跑选手。我的双腿很短小，所以，戴夫（或任何一个人）可以在短跑中轻松击败我。但事情是这样的：很少有人（我可以自信地说）可以像我这样有这么好的自控能力。我经历过五十二个小时的分娩过程。我用街头生存的智慧和日常工作挣来的工资白手起家,创立了一家公司。我这辈子都没有放弃过我给自己设立的目标。所以,如果我说我要跑十三英里,我就一定会跑十三英里!

这就意味着,当我们跑了六英里,戴夫想停下来开始走路时,我会从他身边飞快地跑过,就像龟兔赛跑那样。

我第一次报名参加的是迪士尼乐园半程马拉松比赛。说句题外话,请一定、一定、一定帮自己一个忙,把去迪士尼乐园跑马拉松比赛作为一个人生目标!他们有五千米、十千米和半程马拉松赛程,我觉得我再也没有如此振奋人心和生动有趣的经历了。在马拉松比赛中,注意观察沿途那些生动有趣之处这一点很重要。因为那天早上,当我走到赛场上时,我太担心比赛会很艰难,以至于我觉得自己紧张得都要吐了。但在迪士尼乐园的半程马拉松比赛里,有太多奇迹会让你忘了要吐!

比赛在乐园里面和周边举行,所以,你在跑步时会遇到很多游乐设施、公主和彩车。还有一些选手打扮成迪士尼卡通人物,一路停下来拍照……总之就是特别欢乐。

从那以后,我跑了多次半程马拉松。我可以告诉你的是,在这些比赛中,你获得的鼓励是无与伦比的。成千上万的人聚集在一起，朝着同一个目标奔跑，这个场景特别让人感动。有坐着轮椅来参赛的人，也有严重肥胖的人。有八十五岁的老人，也有在婴儿车里被推着走的小宝宝。还有孕妇，各位！挺着大肚子跑十多英里、超级美丽、状态良好的孕妇。我被惊呆了！每跑过一个地方，我都能看见积极挑战自我、超越自我的人——这是一道美丽的风景。我们是一个巨大、汗流浃背、充满希望的群体，由来自各行各业、怀揣梦想并发现自己已经上路的人组成。

由于队伍里人很多，找到起跑线要花一点儿时间。当我所在的队伍被叫到时，他们开始通过扩音器播放《灰姑娘》里面的《梦就是你心中的愿望》。我知道这一段听起来很俗气，但各位，当我开始跑时，我在大叫。我不断想，这就是我心中的愿望！这一次，我没有放弃、偷懒或停止努力……我做到了！

跑十三英里真的很艰难，但后来，当我为首次全程马拉松而进行训练并参赛时，我以为自己要挂了。

直接。挂掉。

有时候，在跑步过程中，我看见一个里程碑就拍一张自己跳跃前行的自拍，来展示自己感觉多棒。有时候，我得使出浑身力气，才能勉强把一只脚挪到另一只脚前面。在第一次半程马拉松赛中——准确地说，是十一英里处——我最为挣扎。我不停地滑动我的iPod，想找一首能点燃我的斗志的歌，因为那时我已经听遍或跳过我所有的歌曲了。最后，我选择了邦妮·泰勒的《我需要一个英雄》……我喜欢二十世纪八十年代的音乐，这首歌每次都能激发我前行。它做到了。我跟着邦妮唱起来，感觉好一些了，也加快了步伐……

"我需要一个英雄……"

正如每个出生在二十世纪八十年代的小孩知道的那样，这首歌唱的是她在找一个男人、一个英雄，一个"深知民间疾苦、勇于和困境斗争的大力神"。我跟着这首歌跑完了全程，这时，我感受到了我成年生活中最大的一次顿悟：

我不需要找到任何人。现在，就在此刻，我就是自己的英雄。

这是我人生中一次深刻的认识。我鞭策自己去做一些我以前从未想过有能力做到的事情，这就在我的灵魂里点了一把火。没有人强迫我来挑战这些里程。没有人早上把我叫醒，强迫我研究哪双跑鞋合适或哪款GU包最不恶心。没有人被晒伤、得水疱或攒钱交报名费。

除了我自己。

你已经完成的那些事情呢？那些给你的人生添加了各种风味的大小事情，那些使你成为目前的自己的成就——那些也全都是你。

我曾听说，每个作者都有一个主题，他们基本上会在每本书里反复表达同一个信息，而不去管情节或人物。这就是我的情况，尽管那时我完全没有意识到这一点。

我写过的每本书都基于我人生中的这个核心思想。这是我反复学到的教训，所以它不可避免地出现在了我笔下的故事里——尤其是这本书。

这是我希望能送给每个我认识的人的礼物。

这是我希望有人能在我小时候就教给我的道理。事实上，我不得不在生活中跌跌撞撞，自己慢慢摸索出来。

这是我要教给你的最重要的道理。

只有你才有改变自己人生的力量。

这就是事实。我跑全程马拉松时，手上用三福记号笔写着《腓立比书》4：13的内容，深信是造物主赐予了我达到一切成就的力量。但上帝也好，你的伴侣、妈妈和最好的朋友也好，他们都不能改变你的样子（不论好坏），除非你自己帮助自己。

你有改变自己人生的能力。你一直都有这种能力，多萝西[1]。你只需要不再等其他人来为你改变。这一点没有捷径，也没有生活黑客，只有你、你身上天赐的力量和你有多渴望改变。

我希望，我祈祷，我祝愿，我祝你好运。你会到处寻找，并最终找到一个机会来做自己的英雄。每个女人都应该感受到这种骄傲，但如果你在寻求改变，你就不应该只是想要改变，而应该需要改变。你需要为自己设定一个目标，然后全力以赴去实现。我不管这个目标是还你的信用卡、减十磅还是参加铁人三项。你需要在受到这本书的影响，情绪高涨时马上行动。然后你需要全力以赴。你需要证明给自己看，你可以做到这一点。你需要证明给自己看，你有能力做任何你决心要做的事。

你有这个能力。

---

[1] 童话故事《绿野仙踪》的主人公。故事中的多萝西和朋友们凭着十足的勇气和坚定的信念一次次化险为夷，最终实现了各自的愿望。

你，一个有三个孩子的疲累的母亲，在考虑回到职场，又担心自己已经脱离职场太久了。你，超重五十磅，心里十分清楚如果不做一些重大的改变，你的身体健康就会陷入危险的境地。你，二十出头，渴望爱情，但常常为了亲密无间的感受而献出自己的身体，结果只感到更加空虚。你，想和你爱的人建立更好的关系，但又无法释怀你的愤怒。你，你们所有人，你们每个人，不要再等别人来改变你的人生了！不要再以为有一天你的人生会奇迹般地自己改善。不要再以为只要你拥有了对的工作、对的男人、对的房子、对的车、对的一切，你的人生就会变成你一直以来梦想的样子。坦诚地面对真实的自己，坦诚地面对自己需要做出改变的事实。

女孩，把握你的人生。不要再服用药物，不要再逃避，不要再害怕，不要再放弃部分自我，不要再说你做不到。不要再进行那些消极的自我对话，不要再虐待自己的身体，不要再等到明天、周一或明年。不要再为过去的痛苦而哭哭啼啼了，把握接下来的精彩人生吧。起来，就现在。从你一直在的地方爬起来，擦干昨日的泪水，抹去昨日的伤痛，重新开始……女孩，醒醒吧！

醒醒吧，女孩

致　谢

首先，我要感谢你，我的奇克部落。几年前，我开始在博客上发布自己晚餐吃了什么。早在那时候，在我的图片糟糕透顶，我完全不知道自己在做什么的时候——早在那时候，我就发现了一个由很多理解和支持我的女性组成的在线社区。当我自助出版我的第一本书时，你们在那里。当我第一次紧张地（笨拙地）上电视节目时，你们在那里。当我尝试玩Instagram，把跳舞视频发布在YouTube上或在《蕾切尔脱口秀》上讲一些令人尴尬的故事时，你们在那里。现在我们走到了这里……这本书、这个平台，这个由来自全世界的几百万女性组成的令人惊奇的社区——这一切都是因为你们一直都在。谢谢你，谢谢你，谢谢你，我的朋友们，谢谢你们一次又一次地出现在我身边，与我做伴。我相信我们可以一起改变这个世界……我相信我们已经做到了。

致 谢

我一如既往地感谢我的导师和拥护者——同时也是我的文学经纪人——凯万·里昂。凯万,我不知道当你第一次跟我通话时,你是否知道你把自己卷入了怎样的境地,但我非常感谢你陪我一路走来。

感谢托马斯·纳尔逊和哈珀·柯林斯出版社优秀、勤奋的出版团队,感谢你们承担这一项目。感谢你们提供的切达干酪饼干、薯片、鳄梨酱、红酒、甜点以及其他数不清的零食和聚餐。

我每年平均会花至少六个月写或编辑一本书,这就意味着六个月的情绪波动、大纲撰写、文字处理和为了赶交稿日期而大量饮用咖啡从而引起的歇斯底里。没有奇克部落难以置信、无与伦比的团队的支持,要不是他们在管理者如婴儿般躲在角落里为书稿修订而哭泣时尽力维持公司的运转,我就不可能做到任何一点。谢谢你,谢谢你,谢谢奇克总部帮助我打造这个梦想的每个人。

无尽的感谢要献给约翰娜·蒙洛伊,谢谢你多年来一直关爱和照顾我们一家。人们总问我是如何做到这一切的,老实说,我绝对没有。我背后有一个超级优秀、充满爱心的朋友和姐妹,当工作或旅行让我远离孩子们时,是她在替我照顾他们。乔乔,没有你的话,我真的不知道我们该怎么办。

感谢我的孩子们——杰克逊、索亚、福特和诺亚。我对上帝允许我做你们的妈妈这件事充满了感激……这是我人生中最大的荣幸。

感谢我的丈夫戴夫·霍利斯，谢谢你允许我说出我们的故事——不只是这本书里，还有这八年来的出版生涯里——即使有时候很难开口。我很幸运能嫁给一个和我一样深信弱点和"Me too"运动的力量的男人。

最后，非常感谢我的父母。我真心感谢我从你们身上继承的一些品质，是这些品质让我变成了今天这个女人。也许我们的生活和别人的不一样——有时充满喜悦，有时充满痛苦，有时很混乱，有时很奇妙，有时很美好，有时很艰难——但我不愿意改变它。因为你们，我才成了现在的样子。我爱你们。

关于作者

蕾切尔·霍利斯是一位畅销书作家、电视名人、备受欢迎的演讲者、奇克传媒公司的创始人和首席执行官、女性优质数码内容的最高权威。作为 *Inc.* 杂志"三十岁以下企业家三十强"之一，蕾切尔用她富有感染力的经历，鼓舞女性掌控自己的人生，勇敢追求自己的梦想。她善于励志，非常鼓舞人心，还一贯平易近人。她坦诚的态度让人耳目一新，这使她与来自全世界的几百万女性真正地建立起了联系。蕾切尔还与顶级品牌合作，致力于在奇克传媒一流的女性生活方式博客上打造极具创意而引人注目的内容。蕾切尔是畅销书《女孩》系列的作者，包括《派对女孩》《甜美女孩》和《聪明女孩》。她还出版了一本烹饪书《高档乡土菜》。蕾切尔跟她的丈夫和四个孩子定居于洛杉矶。更多信息，敬请访问 TheChicSite.com. 网站。